国家自然科学基金项目(51309100)
国家科技支撑计划项目(2015BAB07B08)

岩石应力松弛特性试验
与模型研究

于怀昌　著

科学出版社

北　京

内 容 简 介

本书系统介绍了作者近年来在岩石应力松弛试验与模型研究方面取得的成果。主要内容包括：岩石常规物理力学性质研究，岩石三轴压缩应力松弛特性试验与模型研究，岩石常规力学、蠕变以及应力松弛特性的对比，水以及围压对岩石应力松弛特性的影响作用，岩石峰前与峰后应力松弛特性和岩石非定常黏弹性应力松弛本构模型等。

本书可供地质工程、岩土工程、水利工程等领域的工程技术人员阅读，也可以供从事岩石力学及相关专业研究的科研工作者、高等院校师生参考。

图书在版编目（CIP）数据

岩石应力松弛特性试验与模型研究/于怀昌著. —北京：科学出版社，2017.8

　ISBN 978-7-03-053857-4

　Ⅰ.①岩… Ⅱ.①于… Ⅲ.①岩石力学－应力松弛－研究 Ⅳ.①TU45

中国版本图书馆CIP数据核字(2017)第139671号

责任编辑：李　雪 / 责任校对：桂伟利
责任印制：张　伟 / 封面设计：无极书装

科 学 出 版 社 出版
北京东黄城根北街 16 号
邮政编码：100717
http://www.sciencep.com

北京凌奇印刷有限责任公司 印刷
科学出版社发行　各地新华书店经销
*
2017 年 8 月第 一 版　开本：720×1000　1/16
2020 年 4 月第三次印刷　印张：8
字数：152 000

定价：88.00 元
（如有印装质量问题，我社负责调换）

前　言

　　流变特性是岩石的重要力学特性之一，与岩石工程的长期稳定和安全密切相关。大量工程实践与研究表明，岩石工程的破坏与失稳，在许多情况下并不是在开挖后立即发生的，岩体中的应力和变形是随时间不断变化和调整的，其调整的过程往往需要延续一个较长的时期，即工程从开始变形到最终破坏是一个与时间有关的复杂非线性累进过程。岩石流变是工程产生大变形及失稳的重要原因之一。在以往的岩石工程中，不乏因对岩石流变特性研究不够而导致延误施工甚至工程失败的先例。许多重大岩石工程的建设都迫切需要了解岩石的流变力学特性，以使工程建设顺利进行，并确保岩石工程在长期运营过程中的安全与稳定。因此，岩石的流变力学特性是岩石力学中一个重要的研究课题。

　　蠕变与应力松弛是岩石流变特性研究的两个重要方面。目前，国内外对岩石流变的研究主要集中在蠕变方面，并且在试验与理论研究上取得了大量成果。然而，在岩石工程中应力松弛现象也普遍存在，如地下洞室、巷道等，往往由于岩石的应力松弛而导致破坏。尽管人们已经认识到岩石应力松弛研究的重要性，但由于应力松弛试验技术难度大，目前这一方面的研究成果还相对较少。随着工程规模的不断扩大，埋深的不断增加，地应力的不断增高，应力松弛对岩石工程稳定性的影响愈发显著，对岩石应力松弛特性的研究也愈显迫切。

　　针对上述问题，本书以岩石工程的长期稳定与安全为研究目标，选取三峡地区粉砂质泥岩为研究对象，采用试验研究与理论分析相结合的研究方法，对不同状态岩石进行了三轴压缩应力松弛试验，并建立了岩石的应力松弛模型。主要包括粉砂质泥岩常规物理力学性质研究，岩石三轴压缩应力松弛特性试验与模型研究，岩石常规力学、蠕变以及应力松弛特性对比，水对岩石应力松弛特性影响作用，围压对岩石应力松弛特性影响作用，岩石峰前、峰后应力松弛特性，岩石非定常黏弹性应力松弛本构模型等方面。

　　本书由国家自然科学基金项目(51309100)、国家科技支撑计划项目(2015BAB07B08)资助。在本书的撰写过程中，得到了刘汉东教授、黄志全教授、姜彤教授的悉心指导和大力支持，同时也得到了资源与环境学院各位老师的关心与帮助，在此表示由衷的感谢！

由于作者水平有限，书中难免有疏漏和不妥之处，恳请读者批评指正。

作　者

2017 年 4 月

目　　录

前言
第1章　绪论 ··· 1
　1.1　单轴压缩应力松弛特性研究现状 ·· 1
　1.2　多轴压缩应力松弛特性研究现状 ·· 3
　1.3　剪切应力松弛特性研究现状 ··· 3
　1.4　应力松弛数值模拟研究现状 ··· 4
　参考文献 ··· 4
第2章　岩石常规物理力学性质研究 ·· 6
　2.1　试样采集与制备 ··· 6
　2.2　岩石物理性质试验 ·· 7
　2.3　岩石常规力学试验 ·· 8
　　2.3.1　试验仪器 ··· 8
　　2.3.2　试验方法 ··· 9
　　2.3.3　试验结果与分析 ··· 10
　2.4　本章小结 ··· 15
　参考文献 ·· 15
第3章　应力松弛试验设备与方法 ··· 17
　3.1　试验设备 ··· 17
　3.2　加载方式与数据处理方法 ·· 19
　　3.2.1　加载方式 ·· 19
　　3.2.2　Boltzmann叠加原理 ·· 21
　3.3　试验方法 ··· 22
　3.4　本章小结 ··· 24
　参考文献 ·· 24
第4章　岩石三轴压缩应力松弛特性试验与模型研究 ······································· 26
　4.1　应力松弛试验结果 ··· 26
　4.2　岩石应力松弛规律 ··· 28
　　4.2.1　应力松弛阶段 ·· 28

　　　4.2.2　应力松弛特征 ·· 28

　　　4.2.3　应力松弛速率 ·· 30

　　　4.2.4　径向应变与体积应变 ·· 31

　　　4.2.5　松弛模量 ·· 33

　　　4.2.6　应力-应变等时曲线 ··· 35

　4.3　岩石应力松弛本构模型与参数辨识 ····························· 35

　　　4.3.1　应力松弛模型的选取 ·· 35

　　　4.3.2　Burgers 松弛模型参数辨识与验证 ························· 36

　　　4.3.3　广义 Maxwell 模型应力松弛方程 ························· 40

　　　4.3.4　元件模型的比较 ··· 44

　4.4　本章小结 ·· 44

　参考文献 ·· 45

第 5 章　岩石常规力学、蠕变以及应力松弛特性的对比 ············· 47

　5.1　岩石常规力学试验 ·· 48

　5.2　岩石蠕变试验 ·· 48

　　　5.2.1　试验设备及方法 ··· 48

　　　5.2.2　试验结果 ·· 48

　　　5.2.3　岩石蠕变本构模型 ·· 49

　　　5.2.4　Burgers 蠕变模型参数辨识与验证 ························· 51

　5.3　岩石应力松弛试验 ·· 52

　5.4　岩石 3 种力学特性对比 ·· 52

　　　5.4.1　轴向强度比较 ··· 52

　　　5.4.2　轴向峰值应变比较 ·· 53

　　　5.4.3　剪切模量 G 与瞬时剪切模量 G_1 比较 ·············· 54

　　　5.4.4　Burgers 流变模型参数比较 ·································· 55

　　　5.4.5　岩石流变力学参数的选取 ···································· 56

　5.5　本章小结 ·· 57

　参考文献 ·· 58

第 6 章　水对岩石应力松弛特性影响作用 ··························· 60

　6.1　试样制备与试验方法 ·· 61

　6.2　试验结果 ·· 62

　6.3　干燥与饱水状态下岩石应力松弛规律 ····························· 64

　　　6.3.1　应力松弛量、应力松弛度与松弛稳定时间 ··············· 64

　　　6.3.2　应力松弛速率 ··· 66

6.4　岩石非线性应力松弛损伤模型 ·· 67
　　　6.4.1　应力松弛损伤演化方程 ·· 68
　　　6.4.2　非线性应力松弛损伤模型 ·· 68
　　　6.4.3　模型参数辨识 ·· 70
　　　6.4.4　模型参数对比研究 ·· 71
　　　6.4.5　损伤变量变化规律 ·· 72
6.5　水对岩石应力松弛特性的影响机制 ·· 74
6.6　本章小结 ·· 74
参考文献 ·· 75

第7章　围压对岩石应力松弛特性影响作用 ·· 77
7.1　试样制备与试验方法 ·· 78
7.2　试验结果 ·· 79
7.3　不同围压下岩石应力松弛规律 ·· 81
　　　7.3.1　应力松弛量、应力松弛度与松弛稳定时间 ······················· 81
　　　7.3.2　应力松弛速率 ·· 83
7.4　岩石非线性应力松弛损伤模型 ·· 85
　　　7.4.1　模型参数辨识 ·· 85
　　　7.4.2　模型参数对比 ·· 86
　　　7.4.3　损伤变量变化规律 ·· 87
7.5　围压对软岩应力松弛特性的影响机制 ·· 89
7.6　本章小结 ·· 90
参考文献 ·· 91

第8章　岩石峰前、峰后应力松弛特性 ·· 92
8.1　试样制备与试验方法 ·· 93
8.2　试验结果 ·· 94
8.3　峰前、峰后岩石应力松弛规律 ·· 96
　　　8.3.1　应力松弛阶段 ·· 96
　　　8.3.2　应力松弛量、应力松弛度与松弛稳定时间 ······················· 97
　　　8.3.3　应力松弛速率 ·· 98
　　　8.3.4　小结 ·· 99
8.4　岩石非线性应力松弛损伤模型 ·· 99
　　　8.4.1　模型辨识 ·· 100
　　　8.4.2　峰前、峰后模型参数对比 ·· 101
8.5　峰前、峰后岩石应力松弛机制 ·· 102

8.6　本章小结 ··· 103

参考文献 ·· 104

第 9 章　岩石非定常黏弹性应力松弛本构模型 ················· 107

9.1　岩石应力松弛试验 ··· 108

9.2　岩石非定常黏弹性应力松弛本构模型 ·························· 109

　9.2.1　定常 H-K 应力松弛模型及参数辨识 ····················· 109

　9.2.2　非定常黏弹性 H-K 应力松弛模型及参数辨识 ········· 110

　9.2.3　定常与非定常应力松弛模型对比 ·························· 114

9.3　本章小结 ·· 116

参考文献 ·· 116

第1章 绪 论

岩石的蠕变和应力松弛特性直接与岩石的长期强度以及工程的长期稳定相关,因此,它们一直是岩石流变力学特性研究的两个重要方面。恒定应力作用下,变形随时间变化而增大的过程称为蠕变,恒定应变作用下,应力随时间变化而减小的过程称为应力松弛。

岩石的应力松弛究其实质也是蠕变的结果。在恒定应变的作用下,随时间的推移,岩石的蠕变变形逐渐增大,因总变形不变,弹性变形则等量逐渐减少,弹性变形将随时间推移逐渐转变为蠕变变形。由于弹性变形降低而引起应力相应减小,这就是应力松弛产生的原因。在应力松弛过程中增加的蠕变变形与蠕变现象在性质上相同,并没有本质区别。因此可以说应力松弛是蠕变现象的另一种表现,是应力不断降低时的"多级"蠕变。

在岩石工程中,应力松弛现象相当普遍,如工程中的边坡、地下洞室、巷道等,往往由于岩石的应力松弛而导致破坏[1]。因此,岩石材料的抗松弛性能对于工程的安全运行具有重要的影响。尽管人们已经认识到岩石应力松弛特性研究的重要性,但由于应力松弛试验要求设备具有长时间保持应变恒定的性能,试验技术难度非常大,因此,岩石应力松弛的研究成果远少于岩石蠕变的研究成果。

随着大型水电工程地下厂房、超长水工隧洞、能源地下储存以及核废料地下隔离等大型工程的不断出现,岩石的应力松弛行为已成为影响岩石工程长期安全与稳定的重要因素之一。因此,开展岩石应力松弛特性试验与模型方面的研究,对于正确评价岩石工程的长期稳定与安全、丰富和完善岩石流变力学都具有重要的理论和实践意义。

下面分别就单轴、多轴、剪切等不同条件下国内外开展的岩石应力松弛特性研究现状进行阐述。

1.1 单轴压缩应力松弛特性研究现状

周德培[2,3]进行了中粒石英砂岩单轴压缩应力松弛试验,分析了岩石的应力松弛特征。基于试验数据,采用双指数函数经验模型描述了岩石的应力松弛行为。李永盛[4]分别对大理岩、粉砂岩、红砂岩以及泥岩进行了单轴压缩应力松弛试验，分析了四种岩石的应力松弛规律，得出了存在连续型和阶梯型两种常见岩石应力松弛曲线形态的结论。邱贤德和庄乾城[5]采用杠杆式流变仪分别进行了长山岩盐和乔后岩盐的应力松弛试验，采用回归模型描述了盐岩的应力松弛特征。杨淑碧等[6]对侏罗系砂溪庙组泥质粉砂岩、砂岩进行了单轴压缩应力松弛试验，试验结果表明一段时间后两种岩石的应力趋于某一恒定值，表现出不完全性松弛。Haupt[7]对盐岩的应力松弛特性进行了试验研究，结果表明盐岩应力松弛过程中，盐岩各方向的应变张量为零，侧向应变几乎一直为常数，盐岩的体积应变保持不变。Yang 等[8]采用 MTS 电液伺服岩石试验机进行了盐岩的单轴应力松弛试验，表明在应力松弛过程中，盐岩的横向应变几乎一直保持为常数，即盐岩的体积应变恒定不变，应力最终松弛趋于零。冯涛等[9]对冬瓜山铜矿床中的石榴子石矽卡岩、闪长玢岩、矽卡岩、粉砂岩、大理岩分别进行了峰值载荷后岩石的应力松弛试验，基于试验结果将岩爆划分为本源型与激励型两种类型。唐礼忠和潘长良[10]对矽卡岩和粉砂岩进行了峰值荷载变形条件下的应力松弛试验，分析了岩石应力松弛曲线的形态特征，并进一步分析了岩石弹性模量储存能力和结构完整性对应力松弛时间以及应力下降台阶数的影响。刘小伟[11]对引洮工程 7 号试验洞泥质粉砂岩和粉砂质泥岩进行了单轴压缩应力松弛试验，采用 Burgers 模型来描述岩石的应力松弛特性。曹平等[12]采用分级增量加载方式，对金川 II 矿区深部斜长角闪岩进行了单轴压缩应力松弛试验，结果表明岩石表现为连续型和非连续阶梯型两种应力松弛特征，并采用西原模型较好地描述了岩石的黏弹塑性特性。张泷等[13]基于 Rice 不可逆内变量热力学理论对岩石蠕变和松弛本质上的一致性问题进行研究。给定余能密度函数和内变量演化方程建立基本热力学方程，通过不同约束条件构建黏弹-黏塑性蠕变和应力松弛本构方程。最后通过模型相似材料单轴蠕变试验和应力松弛试验对模型进行了验证。苏承东等[14]利用 RMT-150B 岩石试验机对煤岩进行单轴压缩分级松弛试验，对比分析了常规单轴压缩与单轴分级松弛条件下煤岩的变形、强度和破坏的时效特征。刘志勇等[15]分别对平行和垂直片理组的石英云母片岩进行了 720h 的单轴压缩应力松弛试验，分析了片岩的各向异性松弛特性，基于岩石松弛损伤演化规律，建立了 Bingham 流变损伤模型，该模型可以较好地描述岩石的应力松弛行为。

1.2 多轴压缩应力松弛特性研究现状

李晓等[16]对砂岩开展了峰后三轴压缩应力松弛试验，分析了峰后破裂岩石的应力松弛特性，得出了岩石应力松弛量与应力-应变曲线之间的关系。李铀等[17]对红砂岩分别开展了双轴、三轴压缩应力松弛试验，分析了二向以及三向应力状态下岩石的应力松弛行为，得出了多轴应力下红砂岩的松弛规律。基于试验结果，采用改进的 Maxwell 模型较好地描述了岩石的应力松弛特性。熊良宵等[18]在不同应力下对锦屏二级水电站绿片岩进行了双轴压缩应力松弛试验，分析了岩石轴向应力松弛和侧向应力松弛的特征，并采用经验方程拟合了试验数据。Schulze[19]对预变形的 Opalinus 四种黏土岩进行三轴压缩应力松弛试验，分析了黏土岩的应力松弛行为。田洪铭等[20]在 30MPa 围压下对泥质红砂岩进行应力松弛试验，结果表明岩石松弛具有明显的非线性特征，基于对损伤耗散能规律的分析，建立了岩石的非线性松弛损伤模型。田洪铭等[21]开展了围压为 15～35MPa 下泥质粉砂岩的三轴应力松弛试验，研究了围压对岩石应力松弛特性的影响作用，建立了西原模型描述泥质粉砂岩的三轴应力松弛特性，并验证了模型的正确性。

1.3 剪切应力松弛特性研究现状

周文锋和沈明荣[22]采用水泥砂浆材料模拟规则齿形岩石结构面，进行了不同法向应力下结构面的应力松弛试验，分析了结构面应力松弛规律，并采用 Burgers 模型描述了结构面的应力松弛行为。田光辉等[23]采用水泥砂浆制作成三种不同角度结构面试件进行剪切松弛室内试验，分析爬坡角正应力对剪切松弛特性的影响，利用 Burgers 模型的松弛方程对试验曲线进行拟合，验证了模型的正确性。刘昂等[24]采用水泥砂浆材料，依据 Barton 标准剖面线制作了 3 种岩石结构面，并对其进行循环加载剪切应力松弛试验，分析了结构面的应力松弛规律，并提出了结构面长期强度的确定方法。田光辉等[25]采用水泥砂浆浇筑成不同角度的结构面试样，利用岩石双轴流变试验机对规则齿形结构面进行不同剪切应力水平下的应力松弛试验，依据松弛曲线特征，考虑模型参数的时间相关性，将黏滞系数看作是与时间有关的非定常参数，建立非线性 Maxwell 应力松弛方程，提出了应力松弛试验确定长期强度的方法。

1.4　应力松弛数值模拟研究现状

金爱兵等[26]在 Microsoft Visual Studio 平台上开发出广义 Kelvin 模型的动态链接库(DLL)文件,在二维颗粒流程序(PFC2D)中对 DLL 文件进行加载调用,实现对广义 Kelvin 模型的开发,对含不同数量 Kelvin 体的广义 Kelvin 模型进行应力松弛模拟试验,得到接触力随时间的变化关系并与理论解对比,验证了开发模型的准确性。夏明锁等[27]基于 Drucker-Prager 屈服准则导出了 Cosserat 连续体黏塑性模型的一致性算法,获得了过应力本构方程积分算法与一致切向模量的封闭形式,并在 ABAQUS 二次平台上采用用户自定义单元(UEL)予以程序实现。有限元数值算例模拟了堆石料试样在常规三轴条件下的应力松弛,数值预测结果与相应试验结果具有较好的一致性,验证了该流变模型的适应性。杨振伟等[28]研究了颗粒间力与位移关系的数值积分方案,总结出颗粒流程序中接触本构模型开发方法,并基于二维颗粒流程序(PFC2D)开发出具有黏弹塑性特征的西原体接触本构模型。通过两个互相接触的固定球体之间的应力松弛试验,分 3 种情况验证了模型编制的准确性。张海龙等[29]基于非线性 Maxwell 模型的可变模量本构方程对 70%和 90%应力水平下河津凝灰岩的广义应力松弛试验进行了数值模拟,结果表明数值计算和试验结果一致性较好,较好地解释了河津凝灰岩广义应力松弛特性。

参 考 文 献

[1] 谢和平, 陈忠辉. 岩石力学.北京: 科学出版社, 2004: 64-66.

[2] 周德培. 岩石流变性态研究(博士学位论文). 成都:西南交通大学, 1986.

[3] 周德培. 流变力学原理及其在岩土工程中的应用. 成都: 西南交通大学出版社, 1995: 142-143.

[4] 李永盛. 单轴压缩条件下四种岩石的蠕变和松弛试验研究. 岩石力学与工程学报, 1995, 14(1): 39-47.

[5] 邱贤德, 庄乾城. 岩盐流变特性的研究. 重庆大学学报(自然科学版), 1995, 18(4): 96-103.

[6] 杨淑碧, 徐进, 董孝璧. 红层地区砂泥岩互层状斜坡岩体流变特性研究. 地质灾害与环境保护, 1996, 7(2): 12-24.

[7] Haupt M. A constitutive law for rock salt based on creep and relaxation tests. Rock Mechanics and Rock Engineering, 1991, 24(4): 179-206.

[8] Yang C H, Daemen J J K, Yin J H. Experimental investigation of creep behvaiour of salt rock. International Journal of Rock Mechanics and Mining Sciences, 1998, 36(2):233-242.

[9] 冯涛, 王文星, 潘长良. 岩石应力松弛试验及两类岩爆研究. 湘潭矿业学院学报, 2000, 15(1): 27-31.

[10] 唐礼忠, 潘长良. 岩石在峰值荷载变形条件下的松弛试验研究. 岩土力学, 2003, 24(6): 940-942.

[11] 刘小伟. 引洮工程红层软岩隧洞工程地质研究(博士学位论文). 兰州: 兰州大学, 2008.

[12] 曹平, 郑欣平, 李娜, 等. 深部斜长角闪岩流变试验及模型研究. 岩石力学与工程学报, 2012, 31(S1): 3015-3021.

[13] 张泷, 刘耀儒, 杨强. 基于内变量热力学的岩石蠕变与应力松弛研究. 岩石力学与工程学报, 2015, 34(4): 755-762.

[14] 苏承东, 陈晓祥, 袁瑞甫. 单轴压缩分级松弛作用下煤样变形与强度特征分析. 岩石力学与工程学报, 2014, 33(6): 1135-1141.

[15] 刘志勇, 肖明砾, 谢红强, 等. 基于损伤演化的片岩应力松弛特性. 岩土力学, 2016, 37(S1): 101-107.

[16] 李晓, 王思敬, 李焯芬. 破裂岩石的时效特性及长期强度. //中国岩石力学与工程学会. 中国岩石力学与工程学会第5次学术大会论文集. 北京: 科学出版社, 1998: 214-219.

[17] 李铀, 朱维申, 彭意, 等. 某地红砂岩多轴受力状态蠕变松弛特性试验研究. 岩土力学, 2006, 27(8): 1248-1252.

[18] 熊良宵, 杨林德, 张尧. 绿片岩多轴受压应力松弛试验研究. 岩土工程学报, 2010, 32(8): 1158-1165.

[19] Schulze O. Strengthening and stress relaxation of opalinus clay. Physics and Chemistry of the Earth, 2011, 36(17): 1891-1897.

[20] 田洪铭, 陈卫忠, 赵武胜, 等. 宜-巴高速公路泥质红砂岩三轴应力松弛特性研究. 岩土力学, 2013, 34(4): 981-986.

[21] 田洪铭, 陈卫忠, 肖正龙, 等. 泥质粉砂岩高围压三轴压缩松弛试验研究. 岩土工程学报, 2015, 37(8): 1433-1439.

[22] 周文锋, 沈明荣. 规则齿型结构面的应力松弛特性试验研究. 土工基础, 2014, 28(2): 138-141.

[23] 田光辉, 沈明荣, 李彦龙, 等. 锯齿状结构面剪切松弛特性及本构方程参数分析. 工业建筑, 2016, 46(9): 87-93.

[24] 刘昂, 沈明荣, 蒋景彩, 等. 基于应力松弛试验的结构面长期强度确定方法. 岩石力学与工程学报, 2014, 33(9): 1916-1924.

[25] 田光辉, 沈明荣, 周文锋, 等. 分级加载条件下的锯齿状结构面剪切松弛特性. 哈尔滨工业大学学报, 2016, 48(12): 108-113.

[26] 金爱兵, 王凯, 张秀凤, 等. 基于颗粒流程序的广义 Kelvin 模型及其应用. 岩土力学, 2015, 36(9): 2695-2701.

[27] 夏明锁, 徐远杰, 楚锡. 一种考虑尺寸效应的颗粒材料流变模型及其验证. 工程力学, 2015, 32(7): 176-183.

[28] 杨振伟, 金爱兵, 王凯, 等. 基于颗粒流程序的黏弹塑性本构模型开发与应用. 2015, 36(9): 2708-2715.

[29] 张海龙, 许江, 大久保诚介, 等. 河津凝灰岩广义应力松弛特性及数值模拟研究. 岩土力学, 2017, 38(4): 1-8.

第2章　岩石常规物理力学性质研究

岩石流变力学特性的研究对于岩石工程的长期稳定与安全具有极其重要的理论与实践意义。为合理确定分级加载条件下岩石应力松弛试验应施加的应变级数，全面揭示长期荷载作用下岩石的流变力学特性，在研究岩石应力松弛特性之前，有必要对单轴以及不同围压作用下岩石的常规力学性质进行试验研究，以使岩石应力松弛试验能够得以顺利进行。

因此，本章首先对粉砂质泥岩的基本物理性质进行室内试验测定。然后，采用 TAWA-2000 微机控制岩石伺服三轴压力试验机对 T_2b^2 粉砂质泥岩进行了常规三轴压缩试验，获取了不同围压下岩石的应力-应变全过程曲线。分析了岩石屈服强度、峰值强度以及残余强度与围压之间的关系，得出了岩石峰值抗剪强度参数以及残余抗剪强度参数。试验成果为岩石应力松弛试验中应变加载级数提供了依据。

2.1　试样采集与制备

试验所用岩石试样采自三峡库区巫山县龙井乡，如图 2.1 所示，为三叠系中统巴东组第二段弱、微风化的粉砂质泥岩层。该地层在三峡库区的巴东、巫山、奉节等地大面积分布，是三峡库区的"易滑地层"之一[1~11]。

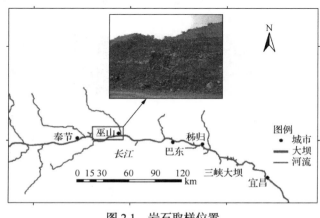

图 2.1　岩石取样位置

粉砂质泥岩运抵实验室后，采用水钻法沿垂直层理面的方向钻芯取样，用锯石切割机将岩芯两端面切割平整，在磨石机上进行研磨，制成尺寸为 ϕ50mm×100mm 的圆柱形试样，如图 2.2 所示。试样严格按照国际岩石力学学会（ISRM）试验规程[12]加工。制备成标准岩样后，为减少岩石试样的离散性，尽可能使不同试样物理力学性质保持一致，首先将表观上有缺陷的岩样剔除，再采用脉冲超声波对穿法对剩余的岩样进行检测筛选，其纵波波速为 2500～2776m/s。根据检测结果，从中挑选出波速相近的岩石试样。其中一部分试样用于岩石单轴、三轴压缩瞬时力学性质试验，根据《水利水电工程岩石试验规程》（SL264—2001）[13]，此部分试样的端面不平整度偏差控制在±0.05mm 以内，端面对试件轴线的垂直度偏差控制在±0.25°以内。另一部分试样用于岩石三轴压缩流变试验，由于流变试验对试样平整度的要求较常规三轴试验高，因此需在磨石机上对试样进行进一步研磨，使试样的端面平整度和侧面平整度控制在 0.003mm 范围内，以满足应力松弛试验的要求[14]。

图 2.2　粉砂质泥岩试样

2.2　岩石物理性质试验

对粉砂质泥岩的基本物理性质进行了室内试验测定。依据《水利水电工程岩石试验规程》（SL264—2001）[13]，采用蜡封法测定密度 ρ_d，采用烘干法测定含水率 w，并进行了吸水性试验，测定了粉砂质泥岩的自然吸水率 w_a 和饱和吸水率 w_{sa}。其物理性质指标见表 2.1。

表 2.1　岩石的主要物理性质

天然密度 $\rho/ (g/cm^3)$	干密度 $\rho_d/ (g/cm^3)$	饱和密度 $\rho_w/ (g/cm^3)$	自然吸水率 $w_a/\%$	饱和吸水率 $w_{sa}/\%$	天然含水率 $w/\%$	饱水系数 k_s
2.182	2.152	2.341	2.955	9.175	1.543	0.54

　　吸水率和饱和吸水率是岩石两个重要的水理性质参数。岩石吸水率的大小主要取决于岩石中孔隙和裂隙的数量、大小及其开启程度与连通程度，同时还受到岩石成因、时代以及岩性的影响。岩石的吸水率反映了岩石内部空隙的发育程度，吸水率越大，内部空隙越发育，连通情况越好。岩石的饱水系数反映岩石大开型空隙与小开型空隙的相对含量，饱水系数大，说明岩石中的大开型空隙相对较多，而小开型空隙较少，也反映了岩石在常压吸水后留出的空间有限[15]。由表 2.1 可知，粉砂质泥岩的饱水系数较大，对于含黏土矿物成分较多的岩石，这将使其吸水后膨胀，导致岩石强度明显降低。因此，此套岩层在水的作用下易软化，这一特性对工程建设极为不利。

　　考虑到研究区降雨量、降雨强度大等情况，常规力学试验以及流变力学试验中的粉砂质泥岩试样均采用饱水试样。

2.3　岩石常规力学试验

　　为合理确定分级加载条件下应力松弛试验中应施加的应变水平级数，全面揭示长期荷载作用下岩石的应力松弛特性，在粉砂质泥岩应力松弛试验之前，有必要对单轴以及不同围压作用下岩石的常规力学特性进行试验研究，以使岩石应力松弛试验能够顺利进行，同时也有利于岩石常规力学特性与应力松弛力学特性的对比研究，从而获得更多的岩石流变力学特性规律。

2.3.1　试验仪器

　　岩石单轴压缩、三轴压缩试验是测定岩石强度等力学性质的基本试验方法。粉砂质泥岩的单轴、三轴压缩试验在河南省岩土力学与水工结构重点实验室的 TAWA-2000 微机控制岩石伺服三轴压力试验机上进行，如图 2.3 所示。

图 2.3　TAWA-2000 微机控制岩石伺服三轴压力试验机

仪器最大轴向力为 2000kN，最大围压为 80MPa，系统测量精度为 1%，可进行常规岩石单轴、三轴压缩试验，并可以进行高、低温条件下岩石单轴、三轴压缩试验。

2.3.2　试验方法

岩石单轴压缩试验方法为：在试样两端加上与试样直径相匹配的刚性垫块，以减小端面摩擦对试验结果的影响，调整好位移传感器，试验采用轴向应变控制对试样施加轴向应力，加载速率控制为 0.01mm/s，直至试样发生破坏，试验停止。

岩石三轴压缩试验方法[16,17]为：首先用乳胶套将试样包裹好，以防止试验过程中液压油浸入试样内，从而影响岩石力学特性参数的测定；其次在两端加上与试样直径匹配的刚性垫块，以减小端面摩擦对试验结果的影响，同时调整好位移传感器；然后将试样放进三轴压力缸内，对试样施加至预定的围压，此时试样处于静水压力状态；最后对试样施加轴向应力使之失去承载能力而破坏。试验过程中计算机自动采集数据。试验采用轴向应变控制，加载速率控制为 0.01mm/s。

2.3.3　试验结果与分析

1. 岩石应力-应变全过程曲线

由于取样点属于低地应力区，故试验围压设置为 4 个级别，分别为 1MPa、2MPa、3MPa 和 4MPa。岩石的单轴压缩、三轴压缩应力-应变全过程曲线如图 2.4 所示。

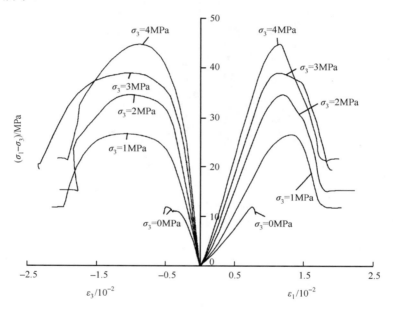

图 2.4　饱和粉砂质泥岩不同围压下的应力－应变全过程曲线

从图 2.4 中可以看出，不同围压下岩石的应力-应变曲线形态相似，均属于弹脆性破坏。图 2.5 所示为典型的粉砂质泥岩三轴压缩应力-应变全过程曲线，图中 O 点表示初始点，A 点表示压密点，B 点表示屈服强度，C 点表示峰值强度，D 点表示残余强度。以 C 点为界可将应力应变曲线分为峰前与峰后两个区域，峰前岩石产生弹性变形，峰后岩石产生塑性变形。

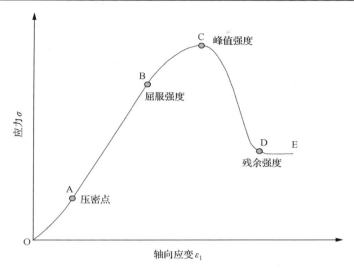

图 2.5　典型的粉砂质泥岩应力-应变全过程曲线

三轴压缩应力-应变全过程曲线可以划分为弹性段、屈服段、应变软化段以及塑性流动。各段的应力-应变特征如下：

（1）OB 段为弹性段 I，该阶段粉砂质泥岩的应力-应变曲线基本呈直线。可以将这一阶段进一步划分为压密区 OA 段和弹性区 AB 段，压密点 A 为分界点。在 OA 段，除了初始排列方向与轴向应力平行的裂纹外，大部分原生微裂缝或节理面都被压密闭合，此阶段明显与否，主要取决于原生裂纹的密度以及初始排列方向。宏观表现为应力增加较小，但应变增加较大，应力-应变曲线呈凹向应变轴的形态。由于这一阶段的变形机理较复杂，目前难以用数学方程来描述这一阶段的力学特性，并且该阶段并不代表岩石的主要力学特征。因此，在本构模型中通常不单独考虑这一阶段，而将其一并考虑为弹性段 I。AB 段岩石的应力-应变曲线基本呈直线，该段可以用胡克定律来描述，为弹性阶段。由于绝大部分原生裂纹在上一阶段已经被压缩密实，而此阶段的应力水平虽然会使裂纹面之间产生相对滑动的趋势，但其大小并不足以使裂纹开始扩展，因此岩石试样可被视为线性的、各向同性的弹性变形体，轴向应变和径向应变曲线的斜率均保持不变。此阶段系统内部没有宏观不可逆过程，处于均匀的变形状态，因此是一种平衡状态，如图 2.6 所示。B 点对应的应力值称为屈服强度 σ_y。

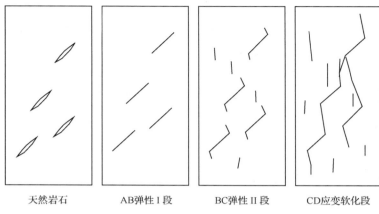

天然岩石　　　　AB弹性I段　　　　BC弹性II段　　　　CD应变软化段

图 2.6　不同变形阶段微裂纹扩展示意图

（2）BC 段为屈服阶段，是岩石微裂隙开始产生、扩展、累积的阶段。岩石内部的裂隙开始逐渐扩展并释放能量。随着应力的增加，当达到起裂应力后，一些已经被压密闭合的裂纹开始张开乃至扩展，在一些相对较为软弱的颗粒边界之间会出现新的裂纹。无论是已有裂纹的扩展还是新裂纹的出现，都是沿着平行于（或近似平行于）最大主应力的方向进行。这些微裂纹仍然是彼此独立互不关联的，如图 2.6 所示。这一阶段可称为屈服阶段，为非弹性变形段。一般把这一阶段的应力-应变曲线简化为直线或采用经验曲线如指数函数曲线或幂函数曲线来描述。本章从简化分析角度考虑，仍将该阶段视为弹性区，为与弹性段 I 区别，称之为弹性段 II，该段的弹性模量用 E_T 来表示。由于微裂纹的稳定扩展，弹性模量 E_T 已发生劣化。试验表明，E_T 与围压之间的关系可以用函数来表示，这里假定 BC 段的泊松比保持不变，与 OB 段的泊松比一样，仍然用 μ 表示。C 点的应力称为峰值强度 σ_p，也就是通常所说的岩石强度，其对应的应变为峰值应变 ε_p。

（3）CD 段为应变软化段，岩石达到峰值强度后，随应变的增加，应力不断降低，发生应变软化。当无侧压或侧压很低时，最终形成平行于最大主应力方向的宏观裂纹，即岩样发生劈裂破坏；当围压较高时，最终形成的宏观裂纹与最大主应力呈一定角度的交角，见图 2.6。轴向应力使试样形成破裂面，导致试样强度降低，应变增加。这种强度随应变增加而逐渐降低的破坏形式称为渐进式破坏。D 点对应的应力为残余强度 σ_r，其对应的应变为残余应变 ε_r。

（4）DE 段为塑性流动阶段（$\sigma=\sigma_r$），应力在这一阶段基本不变，而应变随时间变化不断增加，随岩石塑性变形的不断增长，岩石的强度最终不再降低，试样已经完全破坏，达到破碎、松动的残余强度，可以将该阶段看作为理想的塑性阶段。

2. 强度和围压的关系

依据粉砂质泥岩三轴压缩试验结果，分析不同围压下岩石屈服强度、峰值强度以及残余强度的变化规律，从而为岩石抗剪强度参数的确定以及分段建立岩石本构模型提供依据。

1) 屈服强度与围压的关系

不同围压下岩石的屈服强度与围压的关系曲线，如图 2.7 所示。

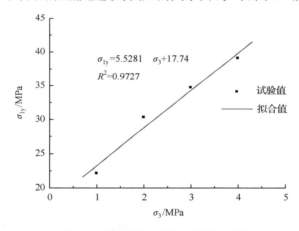

图 2.7　屈服强度与围压的关系曲线

从图中可以看出，粉砂质泥岩的屈服强度 σ_{1y} 随着围压的增加而增大，与围压近似呈线性关系。对试验数据进行线性回归，可得如下方程

$$\sigma_{1y} = 5.5281\sigma_3 + 17.74 \tag{2.1}$$

其相关系数为 0.9727，线性相关性较好。由式 (2.1) 可得

$$f_1(\sigma_1, \sigma_3) = \sigma_1 - 5.5281\sigma_3 - 17.74 = 0 \tag{2.2}$$

2) 峰值强度与围压的关系

不同围压下岩石的峰值强度与围压的关系曲线，如图 2.8 所示。

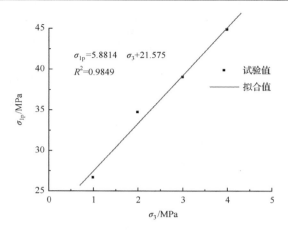

图 2.8　峰值强度与围压的关系曲线

从图中可以看出，粉砂质泥岩的峰值强度 σ_{1p} 随着围压的增加而增大，与围压近似呈线性关系。对试验数据进行线性回归，可得如下方程

$$\sigma_{1p} = 5.8814\sigma_3 + 21.575 \tag{2.3}$$

其相关系数 0.9849，按照 Mohr-Coulomb 强度准则，求得粉砂质泥岩在峰值时的黏聚力 c 值为 4.44MPa，内摩擦角 φ 值为 44.81°。

由式 (2.3) 可得

$$f_2(\sigma_1, \sigma_3) = \sigma_1 - 5.8814\sigma_3 - 21.575 = 0 \tag{2.4}$$

3）残余强度与围压的关系

不同围压下岩石的残余强度与围压的关系曲线，如图 2.9 所示。

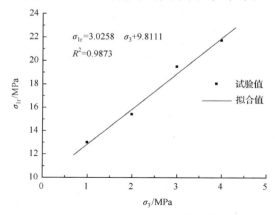

图 2.9　残余强度与围压的关系曲线

从图中可以看出，粉砂质泥岩的残余强度 σ_{1r} 随着围压的增加而增大，与围压近似呈线性关系。对试验数据进行线性回归，可得如下方程

$$\sigma_{1r} = 3.0258\sigma_3 = 9.8111 \tag{2.5}$$

其相关系数为 0.9873，按照 Mohr-Coulomb 强度准则，可求得粉砂质泥岩在残余强度时的 c 值为 2.82MPa，φ 值为 30.21°。

由式 (2.5) 可得

$$f_3(\sigma_1, \sigma_3) = \sigma_1 - 3.0258\sigma_3 - 9.8111 = 0 \tag{2.6}$$

2.4　本　章　小　结

对粉砂质泥岩的基本物理水理性质进行了室内试验测定。试验结果表明，粉砂质泥岩的饱水系数较大，这将使其吸水后膨胀，导致岩石强度明显降低。因此，此套岩层在水的作用下易于软化，这一特性对工程建设极为不利。

采用 TAWA-2000 微机控制岩石伺服三轴压力试验机对粉砂质泥岩进行了单轴压缩试验以及不同围压下的三轴压缩试验，研究了粉砂质泥岩的常规力学特性。基于试验结果，分析了岩石屈服强度、峰值强度以及残余强度与围压之间的关系，表明三种强度均随围压的增加而增大，与围压近似呈线性关系。基于 Mohr-Coulomb 强度理论，得出了岩石峰值抗剪强度参数以及残余抗剪强度参数。

粉砂质泥岩的常规力学特性研究成果可为应力松弛试验中拟施加的应变级数提供参考依据。

参 考 文 献

[1] 张加桂. 三峡库区巫山县新城址巴东组三段形成的大型复杂滑坡特征及成因机制. 地球学报, 2001, 22(2): 145-148.

[2] 殷跃平,胡瑞林. 三峡库区巴东组(T₂b)紫红色泥岩工程地质特征研究. 工程地质学报, 2004, 12(2): 124-135.

[3] 李华亮,易顺华,邓清禄. 三峡库区巴东组地层的发育特征及其空间变化规律. 工程地质学报, 2006, 14(5): 577-581.

[4] 肖拥军, 柴波, 应赣. 三峡库区巴东县新城区斜坡构造体系特征研究. 湖南科技大学学报(自然科学版), 2008, 23(1): 19-22.

[5] 柴波, 殷坤龙, 陈丽霞, 等. 岩体结构控制下的斜坡变形特征. 岩土力学, 2009, 30(2): 521-525.

[6] 柴波, 殷坤龙, 李想. 巴东组岩石能量耗散规律的实验研究. 工程地质学报, 2012, 20(6): 1013-1019.

[7] 周崎, 张家铭, 刘宇航, 等. 巴东组紫红色泥质粉砂岩损伤特性三轴试验研究. 水文地质工程地质, 2012, 39(2): 56-60.

[8] 胡斌, 蒋海飞, 胡新丽, 等. 紫红色泥岩剪切流变力学特性分析. 岩石力学与工程学报, 2012, 31(S1): 2796-2802.

[9] 张家铭, 刘宇航, 罗昌宏. 巴东组紫红色泥岩三轴压缩试验及本构模型研究. 工程地质学报, 2013, 21(1): 138-142.

[10] 余宏明, 刘勇, 罗昌宏, 等. 巴东组软岩残积红色黏土物性特征. 地质科技情报, 2013, 32(1):186-190.

[11] 祝艳波, 余宏明, 杨艳霞, 等. 红层泥岩改良土特性室内试验研究. 岩石力学与工程学报, 2013, 32(2): 425-432.

[12] International Society for Rock Mechanics. Suggested methods for determining the strength of rock material in triaxial compression. International Journal of Rock Mechanics and Mining Sciences and Geomechanics Abstracts, 1978, 15(2): 47-51.

[13] 中华人民共和国行业标准编写组. SL264-2001 水利水电工程岩石试验规程. 北京: 中国水利水电出版社, 2001.

[14] 李永盛. 单轴压缩条件下四种岩石的蠕变和松弛试验研究. 岩石力学与工程学报, 1995, 14(1): 39-47.

[15] 余宏明, 胡艳欣, 张纯根. 三峡库区巴东地区紫红色泥岩的崩解特性研究. 地质科技情报, 2002, 21(4): 77-80.

[16] 于德海, 彭建兵. 三轴压缩下水影响绿泥石片岩力学性质试验研究. 岩石力学与工程学报, 2009, 28(1): 205-211.

[17] 许江, 杨红伟, 彭守建, 等. 孔隙水压力-围压作用下砂岩力学特性的试验研究. 岩石力学与工程学报, 2010, 29(8): 1618-1623.

第3章　应力松弛试验设备与方法

　　流变试验是研究岩石时效力学特性的重要手段之一，也是构建岩石流变本构模型的基础。室内岩石流变试验具有可精确控制试验条件、可反复重复、长期观察、成本低等优点，一直是研究岩石流变力学特性的主要方式。目前，采用室内试验的方法进行岩石应力松弛特性的研究。

　　应力松弛试验要求轴向应变在长时间内保持恒定不变[1,2]，因此对试验设备的稳压系统、应力和变形量测系统的长期稳定性与精度都有着很高的要求。试验设备的性能直接影响试验结果的精确性和可靠性。同时，应力松弛试验方法和试验数据处理方法还不完善，有待于进一步深入研究。因此，本章详细介绍了应力松弛试验设备、试验方法和数据处理方法，从而为后续章节将要介绍的应力松弛试验奠定了的基础。

3.1　试　验　设　备

　　岩石应力松弛试验采用 RLJW-2000 微机控制岩石三轴、剪切流变伺服仪。流变仪主要由轴向加载系统、围压系统、剪切系统、控制系统、计算机系统等几部分组成，如图 3.1 所示。

图 3.1　RLJW-2000 微机控制岩石三轴、剪切流变仪

　　轴向加载系统包括轴向加载框架、压力室提升装置、伺服加载装置等；轴向加载框架由主机座、上横梁、四立柱组合构成，加载油缸安装在主机座横梁上，活塞向上对试样施加试验力。在加载框架上横梁上装有一小电动葫芦，用以提升压力室，进行试样的装卸；伺服加载装置是向加载油缸加油的装置，它是由伺服电机推动活塞把高压油送到加载油缸内进行加压，并且控制轴向压力(或位移、变形)。

　　围压系统由压力室、伺服加载装置组成。压力室是由优质合金钢经锻压成型后，再经加工制成的。压力室表面进行了镀硬铬处理；伺服加载装置和轴向的伺服加载装置一样，这套装置向压力室内送高压油，并且控制围压。由于创新性地采用先进的伺服控制、滚珠丝杠和液压等技术组合，流变仪的稳压效果良好。

　　剪切系统由剪切加载框架和伺服加载装置组成，框架可在导轨上移动，在做试验时框架移动到主机中心位置，并加上轴向垂直压力，框架施加水平剪力，伺服加载装置向剪切油缸内送出高压油，并控制剪切力(或剪切位移)。

　　控制系统是试验机的控制中心，它包括轴向控制系统、围压控制系统、剪切控制系统。轴向控制系统由德国 DOLI 公司原装 EDC 全数字伺服控制器及传感器构成，传感器包括试验力传感器、轴向变形传感器、径向变形传感器等。轴向、径向变形传感器如图 3.2 所示。EDC 控制器把各传感器的信号进行放大处理后进行显示和控制(与设定的参数进行比较)，然后调整伺服加载装置的进退，以达到设定的目标值，并同时把这些数据送到计算机内，由计算机进行显示和数据处理，画出试验曲线并打印试验报告，完成轴向的

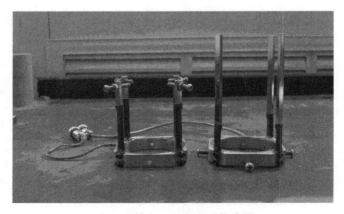

图 3.2　轴向、径向变形传感器

闭环控制。围压系统的控制器也采用德国 DOLI 公司原装 EDC 全数字伺服控制器，在围压系统中还有一个压力传感器；EDC 控制器把压力信号进行放大处理后进行显示和控制。剪切系统的 EDC 控制器直接控制伺服加载装置，其控制原理与轴压一致。

计算机系统是试验机的控制核心，它同时控制 3 台 EDC 控制器，使 EDC 按设置的程序参数进行工作，并实时自动采集、存储、处理 3 台 EDC 通道的测量数据，实时画出多种试验曲线，实现对试验全过程实时、精确地控制。工作时只需将 EDC 置于 PC-Control 状态，即可将全部操作纳入计算机控制。可对试验数据实时采集、运算处理、实时显示并打印结果报告，流变仪的原理如图 3.3 所示。

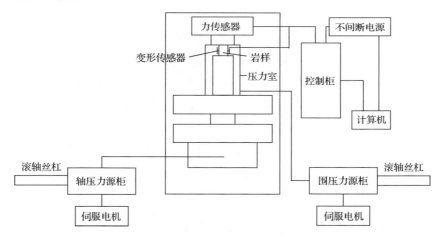

图 3.3 流变仪原理示意图

该流变仪轴向压力 0~2000kN，围压 0~50MPa。仪器测力精度±1%，变形测量精度±0.5%，连续工作时间大于 1000h。因此，该流变仪具有控制精度高、反应速度快、可靠性好、能够对岩石应力松弛试验进行精确控制等优点。通过调整流变伺服仪轴向 EDC 控制器的位置比例、速度比例等控制参数，可以实现仪器轴向变形长时间保持恒定不变的要求。

3.2 加载方式与数据处理方法

3.2.1 加载方式

流变试验有两种加载方式，即分别加载[3~6]和分级加载[7~17]。分别加载是在完全相同的仪器与试验条件下，对若干个物理力学性质完全相同的同种材料试样分别在不同的应力(应变)水平下同时进行试验，观测试样应变(应力)与时间的关系，直至岩石试样破坏，得到一组不同应力(应变)水平下的曲线，如图 3.4 所示。分级加载，就是在同一试样上逐级施加不同的应力(应变)水平，即施加某一级应力(应变)水平后，观测岩石的应变(应力)，当达到规定的时间或应变(应力)基本趋于稳定时，施加下一级应力(应变)水平，并观测其应变(应力)情况，依此类推，直至岩石试样发生破坏为止，其曲线如图 3.5 所示。由图 3.4 和图 3.5 可以看出，分别加载曲线与分级加载曲线在形态上存在很大的差别。

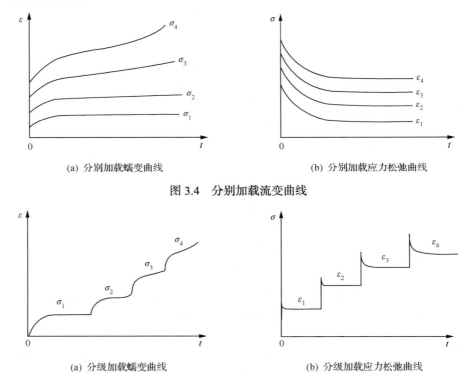

(a) 分别加载蠕变曲线　　　　　　　　　(b) 分别加载应力松弛曲线

图 3.4　分别加载流变曲线

(a) 分级加载蠕变曲线　　　　　　　　　(b) 分级加载应力松弛曲线

图 3.5　分级加载流变曲线

　　　分别加载方法，可以避免前期加载历史对试样力学性质的影响，直接得到流变全过程曲线，并且曲线不需要处理，这种方法在理论上是比较理想的流变试验方法。然而，就目前现有的试验条件，真正做到严格地分别加载是非常不容易的。一方面，由于岩石材料本身的非均质性，要取得一组性质完全相同的试样是很困难的；另一方面，有几个应力水平就需要在几台完全相同的仪器上同时进行流变试验，试验过程中难以保证多台仪器同时运转，试验难度大。而采用分级加载方式，可以有效避免由于试样的非均质性以及操作等原因带来的试验误差，但前一级施加的应力(应变)水平会对岩样造成一定程度的损伤，这种损伤将影响下一级应力(应变)水平下试样的变形特性，并随着应力(应变)水平增高，试样的损伤会逐级累加。因而两种岩石流变试验加载方法各有其优缺点。但分级加载方法克服了分别加载的各种局限性，是目前国内外室内岩石流变试验常用的加载方式。

3.2.2　Boltzmann 叠加原理

分级加载蠕变曲线不能直接使用，除非实际工程中荷载是逐级施加的。因此，需要将分级加载的蠕变曲线转化成图 3.4(a)所示的分别加载蠕变曲线形式。目前的做法是假定材料满足线性叠加原理，应用 Boltzmann 叠加原理进行处理。尽管 Boltzmann 叠加会给岩石流变曲线带来一定的偏差，但极大地减少了数据处理工作量，使蠕变试验研究成果得以推广，而且这种处理方法在岩石流变研究中已经得到了广泛的应用[18, 19]，处理结果也便于相互对比。

Boltzmann 叠加原理是处理线性黏弹性行为的最早采用的数学处理方法。周光泉和刘孝敏[20]指出：①试样中的蠕变是整个加载历史的函数；②每一阶段施加的荷载对最终变形的贡献是独立的。因此，试样的最终变形是各阶段荷载所引起的变形的线性叠加。

对于线性材料，可以运用 Boltzmann 叠加原理计算几个荷载共同产生的应变。假定在 $t = 0$ 时，应力 σ_0 突然作用，从而产生应变

$$\varepsilon(t) = \sigma_0 J(t) \tag{3.1}$$

式中，$J(t)$ 为蠕变柔量，它被定义为每单位作用应力产生的应变

$$J(t) = \varepsilon(t) / \sigma_0 \tag{3.2}$$

如果应力 σ_0 一直保持不变，那么方程(3.1)就可以描述整个时间范围内的应变。但是，如果 $t = t'$时，又有一附加应力 $\Delta\sigma$ 作用，则 $t > t'$时将产生与 $\Delta\sigma$ 成比例的附加应变，此附加应变依赖于同样的蠕变柔量。然而，对于这个附加应变，时间是从 $t = t'$开始计算的，因此对于 $t > t'$的总应变为

$$\varepsilon(t) = \sigma_0 J(t) + \Delta\sigma J(t - t') \tag{3.3}$$

对于更普遍的情况，假设 $t=0$ 时，突然作用一个应力 σ_0，但是随后应力 σ 是随时间变化的任意函数，则式(3.3)可以写成

$$\varepsilon(t) = \sigma_0 J(t) + \int_0^t J(t - t') \mathrm{d}\sigma(t') \tag{3.4}$$

式(3.4)称为遗传积分，表明在任意给定的时刻应变依赖于 $t' < t$ 的整个应力历史 $\sigma(t')$，这就是考虑流变特性的材料与弹性材料最大的区别。

利用 Stieltjes 积分，上述遗传积分可以简单表达为

$$\varepsilon(t) = J(t)\mathrm{d}\sigma(t) \tag{3.5}$$

3.3　试　验　方　法

试验在三轴应力状态下进行，首先将围压设置为预定值，试验过程中保持围压恒定不变。试验前，首先按常规试验方法测得粉砂质泥岩瞬时破坏时的轴向应变极限值，将其等分为 5～6 级，应力松弛试验中的应变水平即按此取值。采用分级加载方法进行应力松弛试验，在同一试样上由小到大逐级施加轴向应变，试验过程中应变加载速率为 $5 \times 10^{-5} \mathrm{s}^{-1}$，每级应变加载完瞬间，立即读取应力值，作为该级应变水平下的瞬时应力。然后保持轴向应变恒定不变，观测试样轴向应力随时间的变化规律。各级应变持续施加的时间由试样的应力松弛速率控制。试验中，应力松弛的稳定标准为当应力变化量小于 0.001MPa/h 时，即认为该级应变所产生的应力松弛已基本趋于稳定，可以停止本级应变加载，施加下一级应变水平。试验过程中计算机自动采集数据，采集频率为：加载过程中及加载后 1h 内为 100 次/min，之后为 1 次/min。

三轴压缩应力松弛试验步骤为：

(1)用游标卡尺测量岩石试样的精确尺寸，记录相应数据。用合适的热缩管将试样与上、下压头一起套上，用电加热器(电吹风)给热缩管加热，使热缩管均匀收缩将试样全部包住。在上、下压头处用喉箍与橡胶套进行密封，以防止试验过程中液压油进入试样，从而影响试验结果。

(2)安装轴向、径向变形传感器。把轴向传感器下面 4 个螺丝旋紧在下压头上，变形锥固定在上压头上，使传感器的 4 个变形杆都接触到变形锥上，

并使杆变形 1mm 左右。径向变形传感器放在轴向变形传感器里面，将 4 个变形杆上的螺丝均匀地压在试样上，压缩量在 1mm 左右。

（3）将试样放入流变仪的自平衡三轴压力室内，调整试样，使试样的轴线与仪器加载中心线相重合，避免试样偏心受压。把轴向、径向变形传感器的插头插在压力室的插座上。将球面座放置在上压头上。连接轴向、径向 EDC 控制器，使控制软件与控制器相连接，完成试样的安装，如图 3.6 所示。

图 3.6　试样的安装

（4）先对试样施加 0.5MPa 的轴向荷载，以保证试样与压力机的压头接触紧密，避免施加围压过程中的扰动使压力室内的岩样发生移动。然后逐渐增大围压至设定值，围压加载速率为 0.05MPa/s，待变形稳定后，将轴向以及径向变形传感器数据清零。保持围压不变，采用分级加载方式施加轴向应变，每级荷载加载速率为 0.5MPa/s，当加载至第一级应变水平时，保持轴向应变不变，记录试样应力与时间的关系。试验过程中计算机自动采集数据，

（5）当第一级应变水平下试样的应力稳定时，加至第二级应变水平，保持应变恒定，记录试样应力与时间的关系。在应力稳定后再施加下一级应变水平，直至试样破坏为止，试验结束。

（6）依次卸载轴压、围压，取出试样，描述其破坏形式，整理试验数据。

由于试验周期长，温度和湿度对应力松弛试验结果的影响不容忽视。此

次试验在岩石三轴、剪切流变专用试验室内进行。试验室严格控制恒温和恒湿条件。试验室分为里间、外间，流变试验仪放在里间，并在里间配备了惠康-NUC203 恒温恒湿机，如图 3.7 所示，计算机放在外间。试验中严格控制人员进入里间，以免带来室温变化，影响试验结果。试验过程中室内的温度始终控制在(22.0±0.5)℃，湿度控制在 40%±1%。

图 3.7　惠康-NUC203 恒温恒湿机

3.4　本章小结

本章详细介绍了应力松弛试验设备的组成和仪器的性能，流变试验的加载方式和数据处理方法，应力松弛试验方法和具体操作步骤，这为后续章节将要介绍的应力松弛试验的开展提供了理论与实践基础。

参 考 文 献

[1] Paraskevopoulou C, Perras M, Diederichs M, et al. The three stages of stress relaxation — Observations for the time-dependent behaviour of brittle rocks based on laboratory testing. Engineering Geology, 2017, 216(1): 56-75.

[2] Zhu W C, Li S, Niu L L, et al. Experimental and numerical study on stress relaxation of sandstones disturbed by dynamic loading. Rock Mechanics and Rock Engineering, 2016, 49(10): 3963-3982.

[3]　赵玲, 葛科, 刘恩龙. 黄土的流变特性分析. 建筑科学, 2011, 27(3):69-73.

[4]　叶阳升, 陈锋, 蔡德钧, 等. 分别加载下重塑饱和黏土蠕变特性研究. 中国铁道科学, 2012, 33(6):1-5.

[5]　何玉荣, 李建中. 网纹红土分级加载与分别加载蠕变试验研究. 水文地质工程地质, 2014, 41(2): 62-67.

[6]　郭鸿, 骆亚生, 王鹏程. 分别、分级加载下压实黄土三轴蠕变特性及模型分析. 水力发电学报, 2016, 35 (4):117-124.

[7]　张忠亭, 罗居剑. 分级加载下岩石蠕变特性研究. 岩石力学与工程学报, 2004, 23(2): 218-222.

[8]　范庆忠, 高延法. 分级加载条件下岩石流变特性的试验研究. 岩土工程学报, 2005, 27(11): 1273-1276.

[9]　谌文武, 原鹏博, 刘小伟. 分级加载条件下红层软岩蠕变特性试验研究. 岩石力学与工程学报, 2009, 28(S1): 3076-3081.

[10]　石振明, 张力. 锦屏绿片岩分级加载流变试验研究. 同济大学学报(自然科学版), 2011, 39(3): 320 -326.

[11]　吴创周, 石振明, 付昱凯, 等. 绿片岩各向异性蠕变特性试验研究. 岩石力学与工程学报, 2014, 33(3): 493-499.

[12]　杨红伟, 许江, 聂闻, 等. 渗流水压力分级加载岩石蠕变特性研究. 岩土工程学报, 2015, 37(9): 1613-1619.

[13]　杨红伟, 许江, 彭守建, 等. 孔隙水压力分级加载砂岩蠕变特性研究. 岩土力学, 2015, 36(S2): 365-370.

[14]　Zhang Z L, Xu W Y, Wang R B, et al. Triaxial creep tests of rock from the compressive zone of dam foundation in Xiangjiaba Hydropower Station International Journal of Rock Mechanics and Mining Sciences, 2012, 50(1):133-139.

[15]　Yang S Q, Jing H W, Cheng L. Influences of pore pressure on short-term and creep mechanical behavior of red sandstone. Engineering Geology, 2014, 179(4): 10-23.

[16]　Yang W D, Zhang Q Y, Li S C, et al. Time-dependent behavior of diabase and a nonlinear creep model. Rock Mechanics and Rock Engineering, 2014, 47(4):1211-1224.

[17]　Chen B R, Zhao X J, Feng X T, et al. Time-dependent damage constitutive model for the marble in the Jinping II hydropower station in China. Bulletin of Engineering Geology and the Environment, 2014, 73(2): 499-515.

[18]　原先凡, 邓华锋, 李建林. 砂质泥岩卸荷流变本构模型研究. 岩土工程学报, 2015, 37(9): 1733-1739.

[19]　武东生, 孟陆波, 李天斌, 等. 灰岩三轴高温后效流变特性及长期强度研究. 岩土力学, 2016, 37(S1): 183-191.

[20]　周光泉, 刘孝敏. 粘弹性理论. 合肥: 中国科学技术大学出版社, 1996: 46-52.

第4章 岩石三轴压缩应力松弛特性试验
与模型研究

岩石的应力松弛与工程的长期稳定与安全密切相关。由于应力松弛试验要求仪器具有长时间保持应变恒定的性能，试验技术难度大，目前国内外在这方面开展的研究工作还不多，发表的研究成果较少[1~13]。已有的岩石应力松弛试验研究成果，主要集中在盐岩以及金属矿山硬岩岩爆方面[3~9]，而对其他类型岩石应力松弛特性的试验研究成果还相对较少，并且这些已有的研究成果主要集中在单轴压缩应力松弛试验方面，岩石三轴压缩应力松弛试验研究成果还较少[10, 12]。工程中，各种类型的岩石在一定条件下都会产生应力松弛现象，并且岩石一般处于三向应力状态，仅进行单向应力状态下的松弛试验并不能全面反映岩石的实际应力状态。另外，对岩石应力松弛本构模型方面的研究还不成熟，有待于进一步深入研究[14~18]。因此，非常有必要开展更多类型岩石的三轴压缩应力松弛试验以及模型研究工作，以丰富和完善岩石流变力学理论的研究。

本章采用 RLJW-2000 型岩石三轴流变伺服仪，在分级加载条件下完成饱和粉砂质泥岩的三轴压缩应力松弛试验。基于试验结果，系统研究了粉砂质泥岩的三轴压缩应力松弛特性，依次建立了粉砂质泥岩应力松弛的 Burgers 模型，二单元、四单元以及六单元的广义 Maxwell 模型，通过各模型优缺点的比较，给出了适合描述粉砂质泥岩应力松弛特性的模型。研究成果将有助于明确复杂应力状态下粉砂质泥岩的应力松弛特性，为其他类型岩石特别是软岩应力松弛特性的研究提供一定的参考依据。

4.1 应力松弛试验结果

试验在三轴应力状态下进行，围压设置为 1MPa，以模拟低围压条件下岩石工程(如隧道工程)的应力松弛现象，试验过程中保持围压恒定不变。试验中施加的应变水平为 0.20%、0.40%、0.60%、0.80%、1.00%、1.27%。采用分级加载方式，在同一试样上由小到大逐级施加轴向应变，试验过程中应变加

载速率为 $5×10^{-5}s^{-1}$，若在单级应变下，试样达到稳定所需的时间小于 14h，则该级应变水平下试验时间持续 14h。本次应力松弛试验共施加了 6 级应变水平，历时 99h。

图 4.1(a) 给出了粉砂质泥岩的分级加载应力松弛曲线，曲线上的数字代表轴向应变水平，其中应变水平 1.27% 为应力松弛试验中岩石的轴向峰值应变，即此级应变水平下的试验为岩石在峰值荷载条件下的应力松弛[8]。从图中可

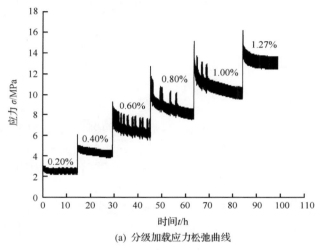

(a) 分级加载应力松弛曲线

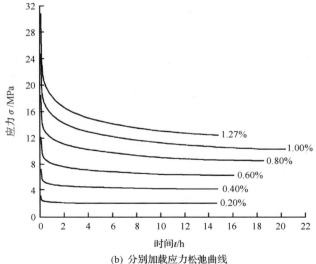

(b) 分别加载应力松弛曲线

图 4.1　粉砂质泥岩应力松弛曲线

以看出，由于室内温度在±0.5℃范围内周期性波动变化，导致试样的分级加载应力松弛试验曲线呈现周期性波动形态。

由于试验采用了分级加载方式，因此需要运用 Boltzmann 叠加原理将试验数据转化为不同应变水平下的分别加载应力松弛曲线。为直观起见，依据温度的变化情况，采用 Origin7.5 软件对图 4.1(a)所示的应力松弛曲线进行平滑处理，转化为 22℃恒定温度下的试验曲线，然后依据 Boltzmann 原理进行叠加，得到处理后分别加载应力松弛曲线，如图 4.1(b)所示。

4.2　岩石应力松弛规律

4.2.1　应力松弛阶段

从曲线形态上看，各级应变水平下的应力松弛曲线形态非常相似。由于粉砂质泥岩的颗粒组成比较致密均一，因此，随时间的延长，应力衰减轨迹为连续光滑的曲线，如图 4.1(b)所示，与硬岩阶梯型的应力松弛曲线形态明显不同。

不同应变水平下的曲线具有相似的应力松弛规律，在瞬间施加一定应变后，保持应变恒定，刚开始应力衰减的速度非常快，之后随时间的延长应力衰减速度逐渐降低，最终趋于一个稳定值，为非完全衰减型松弛。应力松弛曲线可以划分为：快速松弛、减速松弛、稳定松弛 3 个阶段。快速松弛阶段，在非常短的一段时间，即应力开始松弛约 1min 时间内，应力迅速降低，应力降低量占该级应变下应力降低总量的 33%～47%。减速松弛阶段，随时间的延长，应力不断降低，但应力降低的速率却逐渐变慢，该阶段持续时间较长，一般持续 5～19h，且随应变水平的增加，减速松弛阶段持续时间变长。稳定松弛阶段，随时间的延长应力不再降低，趋于一个稳定值。在快速松弛阶段，应力松弛时间短并且松弛量大，应注意这一阶段岩石强度的骤降，防止工程出现突然破坏失稳。

4.2.2　应力松弛特征

定义剩余应力比 η 为

$$\eta = \frac{\sigma_s}{\sigma_0} \tag{4.1}$$

式中：σ_s 为剩余应力，即松弛稳定后的轴向应力；σ_0 为初始应力，即施加一定应变后瞬间产生的轴向应力。

定义应力松弛量 σ' 为

$$\sigma' = \sigma_0 - \sigma_s \tag{4.2}$$

应力松弛量表示应力衰减的幅度，应力松弛量越大，应力衰减的幅度也就越大，即应力松弛程度越大。

由式(4.1)、式(4.2)可以看出，剩余应力比越大，应力松弛量越小，岩石应力松弛程度也越小；剩余应力比越小，应力松弛量越大，岩石应力松弛程度也越大。

各级应变水平下试样的初始应力、剩余应力、剩余应力比、应力松弛量以及松弛达到稳定阶段所需的时间如表 4.1 所示。

表 4.1　不同应变水平下应力松弛参数

应变 ε/%	初始应力 σ_0/MPa	剩余应力 σ_s/MPa	剩余应力比 η	应力松弛量 σ'/MPa	松弛稳定所需 时间/h
0.20	3.24	2.12	0.65	1.12	5.33
0.40	7.31	4.28	0.59	3.03	12.85
0.60	12.16	6.40	0.53	5.76	15.03
0.80	18.57	8.59	0.46	9.98	17.63
1.00	24.84	10.36	0.42	14.48	19.17
1.27	30.88	12.50	0.40	18.38	11.23

从表 4.1 中可以看出，随应变水平的增加，试样的初始应力、剩余应力以及应力松弛量逐渐增加，而剩余应力比逐渐降低。应变水平越高，试样内部产生的微裂纹越多，松弛过程中试样通过微裂纹的扩展释放的应力就越多，松弛稳定后试样剩余应力与初始应力的比值就越小，即应变水平越高，岩石的应力松弛程度越大。由各级应变水平下的剩余应力比可知，应力松弛稳定后试样的剩余应力为初始应力的 40%～65%。其中，峰值应变下试样的剩余应力比为 0.40，应力松弛量达 18.38MPa，应力损失程度最大，表明在峰值应变状态下，粉砂质泥岩试样松弛稳定后应力损失可达 60%。由于应力松弛，岩石的强度得不到充分发挥，这是此类岩石工程产生变形破坏的重要原因之一。

从表 4.1 中还可以看出，应变水平越高，试样应力松弛达到稳定阶段所需的时间越长。

峰值应变下，试样应力松弛达到稳定阶段所需的时间较前一级应变水平下试样所需的时间短，这与前面得出的规律不一致。究其原因，分级加载试验中，在峰值应变水平下加载 11.23h 后，试样的应力松弛已达到稳定标准，因此停止试验。而采用 Boltzmann 叠加原理将分级加载应力松弛曲线转化为分别加载应力松弛曲线后，发现尽管在其他应变水平下应力松弛已经达到稳定，但在峰值应变水平下应力松弛还未完全达到稳定，这是采用分级加载试验方法所带来的误差，是由目前岩石流变试验研究方法以及研究水平造成的。前一级的加载会对试样造成一定程度的损伤，且随着加载级数的增加，试样的损伤会逐级累加，导致峰值应变下分级加载应力松弛稳定时间小于分别加载应力松弛稳定时间。尽管在这一时间点上存在一定的误差，但试验揭示的岩石应力松弛规律是正确合理的。

4.2.3　应力松弛速率

由图 4.1(b) 可以看出，在每级应变水平下，随时间的延长，试样的应力松弛速率是一个从初始最大值不断递减并最终趋于零值的非线性变化过程。岩石应力松弛过程中并不存在外界能量的供给，仅是由于岩石材料结构弱化而引起内部应力降低。与应力松弛过程中其他时间点相比，加载完成后瞬间，试样内部微裂纹的产生和扩展速度是最快的，因此，加载完成后瞬间，试样的应力松弛速率最大。在快速松弛阶段应力急剧降低，应力松弛速率随时间快速降低。在减速松弛阶段，应力松弛速率随时间延长逐渐减小，最终在稳定松弛阶段应力不再降低，应力松弛速率趋于零。

对比各级应变水平下岩石的应力松弛速率，可以看出：随着应变水平的逐级增大，初始应力值随之而增大，而初始应力降低速率也逐级增大，即应变水平越大，初始应力松弛速率也越大，如表 4.2 所示。在快速松弛阶段和减速松弛阶段，应力降低的速率随应变水平的增加而增大，即应变水平越大，快速松弛阶段和减速松弛阶段的应力松弛速率也越大，进入稳定松弛阶段所需的时间也越长。在稳定松弛阶段，各级应变水平下岩石的应力松弛速率均为零，应力不再松弛。

表 4.2　不同应变水平下初始应力松弛速率

应变水平 ε/%	初始应力松弛速率/(MPa/h)
0.20	16.63
0.40	17.50
0.60	30.80
0.80	63.90
1.00	93.60
1.27	136.64

4.2.4　径向应变与体积应变

目前，国内外对岩石应力松弛试验中径向应变以及体积应变的变化规律研究较少，仅见对盐岩有这方面的研究。Haupt[19]对盐岩的应力松弛特性进行了试验研究，表明盐岩在应力松弛过程中，盐岩内部的微细观结构并没有发生变化，即各方向的应变张量为零，径向应变几乎一直为常数，因此盐岩的体积应变始终为一常量，保持不变。而 Cristescu 和 Hunsche[20]对盐岩进行了应力松弛试验，表明岩石在应力松弛过程中，径向应变并非恒定不变，而是随时间延长而不断增加的。杨春和殷建华[5]研究表明，在应力松弛过程中，盐岩的横向应变几乎一直保持为常数，即盐岩的体积应变恒定不变，应力最终松弛趋于零，由此可见，对这一方面的研究还有待于进一步深入。因此，有必要对粉砂质泥岩试样应力松弛过程中径向应变与体积应变的变化规律进行研究。

依据试验结果，得到不同应变水平下试样轴向应变、径向应变随时间的变化曲线，如图 4.2 所示，图中曲线上的数字代表轴向应变水平。

从图 4.2 中可以看出，在各级应变水平下试样的轴向应变保持恒定不变，满足应力松弛试验的要求。而径向应变在各级应变水平下并非保持恒定不变，其变化趋势与同一应变水平下应力的变化趋势类似，反映出试样内部应力随时间变化不断松弛弱化的过程。在各级应变水平下，应力松弛瞬间径向应变最大，随时间延长而径向应变逐渐衰减降低，最终趋于一个稳定值。与应力松弛曲线 3 个阶段相对应，径向应变随时间变化曲线也可以划分为 3 个阶段，即快速衰减阶段、减速衰减阶段、稳定阶段。快速衰减阶段，随轴向应力的迅速降低，径向应变也快速降低，但应变的变化要稍滞后于应力的变化，一般滞后于应力 50~60s，表明应力进入减速松弛阶段时，径向应变的快速降低还未停止。在减速衰减阶段，径向应变降低的速率逐渐变慢，该阶段持续时间较长，一般持续 5.0～19.3h。稳定阶段，随时间延长而径向应变不再降低，趋于一个稳定值。

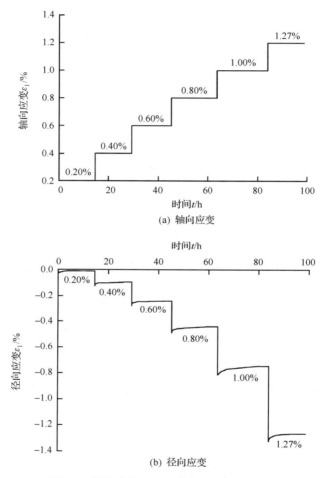

(a) 轴向应变

(b) 径向应变

图 4.2　轴向应变、径向应变随时间变化曲线

体积应变不能直接通过试验测得，可按下式计算得到：

$$\varepsilon_v = \varepsilon_1 + 2\varepsilon_3 \tag{4.3}$$

式中，ε_v 为体积应变。各符号均以压为正，拉为负。

根据式(4.3)，可以得到试样体积应变随时间的变化曲线，如图 4.3 所示。

从图 4.3 中可以看出，在应力松弛过程中试样的体积应变也是发生变化

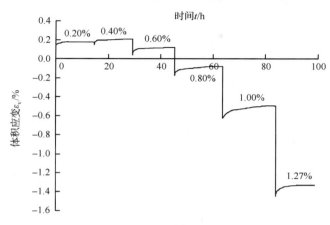

图 4.3　体积应变随时间变化曲线

的。由于轴向应变恒定，体积应变的变化取决于径向应变的变化。因此，体积应变的变化规律与径向应变的变化规律是一致的，即经历了快速衰减阶段、减速衰减阶段、稳定阶段，最终趋于一个稳定的体积应变。体积应变曲线同样也反映出试样内部应力随时间延长而不断松弛弱化的过程。

随时间的变化，粉砂质泥岩试样的体积应变经历了体积压缩，应变逐渐增加到体积应变逐渐减少再到扩容的非线性变化过程。从图 4.3 中还可以看出，当应变水平从 0.20% 增加到 0.40% 时，岩石体积压缩，体积应变增加，但增加幅度较小，仅增加约 0.03%。当应变水平为 0.40% 时，体积应变稳定后达到 0.21%，此时体积压缩应变达最大值。之后由于径向应变较轴向应变增加速度快，试样的体积应变开始逐渐减小。因此，应变水平 0.40% 是试样从以轴向压缩变形为主转变为以径向膨胀变形为主的临界应变。当应变水平达 0.80% 时，试样体积应变为负值，此时试样发生反向扩容。因此，应变水平 0.80% 是试样产生体积扩容的临界应变。在峰值应变下，经过快速衰减阶段，减速衰减阶段后试样体积应变不再增加，趋于稳定值−1.33%。

4.2.5　松弛模量

岩石的松弛模量是黏弹性理论计算的最基本参数，是评价岩石应力松弛性能的重要指标。松弛模量 $Y(t)$ 是指岩石对单位阶跃应变的松弛响应。由松弛模量的定义可得如下公式：

$$Y(t) = \frac{S_{ij}(t)}{e_{ij}} \tag{4.4}$$

式中：S_{ij}，e_{ij} 分别为三维应力状态下岩体内部的偏应力张量与偏应变张量。

　　由应力松弛试验数据，根据式 (4.4) 可以计算得出岩石的松弛模量，各级应变水平下岩石的松弛模量随时间的变化曲线，如图 4.4 所示。

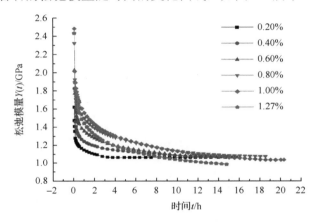

图 4.4　松弛模量随时间变化曲线

　　从图 4.4 中可以看出：粉砂质泥岩作为一种典型的黏弹性材料，其时效特性非常明显。在每级应变水平下，松弛模量在试验初始时刻最大，随时间的延长，松弛模量逐渐降低。在不同的应变水平下，松弛模量随时间变化的曲线形态相似。随应变水平的增加，相同时间点岩石的松弛模量逐级增大，即应变水平越大，岩石的松弛模量越大。随时间的延长，松弛模量曲线趋于某一恒定值，在 0.20%～0.80% 的应变水平下试验开始后 16h 左右岩石的松弛模量基本不再降低，在 1.1GPa 附近达到稳定，表明在 0.20%～0.80% 的应变水平范围内，岩石应力松弛稳定后，其性质接近线弹性体，即应力与应变之间呈线性变化关系，二者比值基本不变。在 1.00% 与 1.27% 的应变水平下，岩石的松弛模量随时间延长并未趋于某一恒定值，而是逐渐降低，降低过程中两条曲线近似平行，说明这两级应变水平下松弛模量的降低速率基本一致，表明在 1.00% 与 1.27% 的应变水平下，岩石应力松弛稳定后，其性质接近线性黏弹性体，即应力－应变时间效应明显。

4.2.6 应力-应变等时曲线

由试验数据可得到粉砂质泥岩的应力-应变等时曲线，如图 4.5 所示。

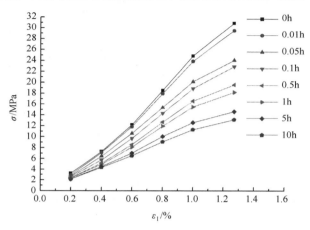

图 4.5 应力-应变等时曲线

从图 4.5 中可以看出，各等时曲线的形态非常相似。随时间的延长，曲线由应力轴向应变轴偏移。在 0.20%～1.00%的应变水平下，应力-应变等时曲线近似为一组直线，表明粉砂质泥岩在这一应变水平范围内可视为线性黏弹性体。在 1.27%的峰值应变水平下，曲线向应变轴偏移，随时间延长，偏移程度逐渐减小，总的来看，各等时曲线偏移程度不大，表明塑性变形在总变形中占比并不大。由此可见，在峰值应变水平下，粉砂质泥岩可以近似视为线性黏弹性体。因此，可以用线性黏弹性模型来描述粉砂质泥岩的应力松弛特性。

4.3 岩石应力松弛本构模型与参数辨识

4.3.1 应力松弛模型的选取

粉砂质泥岩应力松弛试验曲线具有如下特点：

（1）施加每级应变水平后保持应变恒定，岩石瞬间产生应力降低，表明元件模型中应包含弹性元件。

（2）随时间的延长，应力的衰减速度逐渐变慢，最终趋于一个稳定值，表明元件模型中应包含黏壶元件。

基于以上对试验曲线特征的分析，可以看出粉砂质泥岩的应力松弛具有明显的黏弹性特征。描述材料黏弹性应力松弛特性的常用元件模型有 Burgers 模型、Maxwell 模型、广义 Maxwell 模型等。一般认为 Burgers 模型和广义 Maxwell 模型能较好地描述黏弹性材料的应力松弛特征[21, 22]。因此，首先选取 Burgers 模型来描述粉砂质泥岩的应力松弛特性，并确定模型参数。

4.3.2　Burgers 松弛模型参数辨识与验证

Burgers 模型由 Kelvin 体与 Maxwell 体串联而成，简称 Bu 体，又称四单元体，如图 4.6 所示。下面给出 Burgers 模型的应力松弛方程。

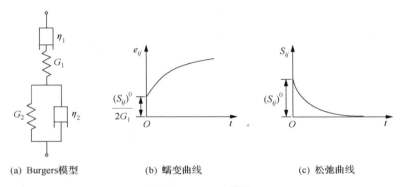

(a) Burgers模型　　　　(b) 蠕变曲线　　　　(c) 松弛曲线

图 4.6　Burgers 模型

采用微分算子法确定 Burgers 体的本构方程，按串联法则：

$$\varepsilon = \varepsilon_K + \varepsilon_M , \quad \sigma = \sigma_K + \sigma_M \tag{4.5}$$

式中，σ，ε 分别为 Burgers 体的应力和应变；σ_M，ε_M 分别为 Maxwell 体的应力和应变；σ_K，ε_K 分别为 Kelvin 体的应力和应变。

由 kelvin 体与 Maxwell 体的本构方程可得

$$\varepsilon_K = \frac{\sigma_K}{E_K + \eta_K D} , \quad \varepsilon_M = \frac{\dfrac{D}{E_M} + \dfrac{1}{\eta_M}}{D} \sigma_M \tag{4.6}$$

式中，$D = \partial / \partial t$；$E_M$，$\eta_M$ 分别为 Maxwell 体的弹性模量和黏滞系数；E_K，η_K 分别为 kelvin 体的弹性模量和黏滞系数。

根据式 (4.5) 则有

$$\varepsilon = \frac{\sigma}{E_K + \eta_K D} + \frac{\dfrac{D}{E_M} + \dfrac{1}{\eta_M}}{D}\sigma \tag{4.7}$$

上式两边乘以 $D(E_K + \eta_K D)$，经整理后得

$$\sigma + \frac{\eta_M \eta_K}{E_M E_K}D^2\sigma + \frac{(E_M + E_K)\eta_M + E_M\eta_K}{E_M E_K}D\sigma = \eta_M D\varepsilon + \frac{\eta_M \eta_K}{E_K}D^2\varepsilon \tag{4.8}$$

将算符 D 作用于 σ 和 ε，则可得一维应力状态下 Burgers 体的本构方程：

$$\sigma + \left(\frac{\eta_K}{E_M} + \frac{\eta_M}{E_M} + \frac{\eta_M}{E_K}\right)\dot{\sigma} + \frac{\eta_M \eta_K}{E_M E_K}\ddot{\sigma} = \eta_M \dot{\varepsilon} + \frac{\eta_M \eta_K}{E_K}\ddot{\varepsilon} \tag{4.9}$$

三维应力状态下，岩石内部的应力张量可以分解为球应力张量 σ_m 和偏应力张量 S_{ij}，其表达式为

$$\begin{cases} \sigma_m = \dfrac{1}{3}(\sigma_1 + \sigma_2 + \sigma_3) = \dfrac{1}{3}\sigma_{kk} \\[2mm] S_{ij} = \sigma_{ij} - \delta_{ij}\sigma_m = \sigma_{ij} - \dfrac{1}{3}\delta_{ij}\sigma_{kk} \end{cases} \tag{4.10}$$

式中，δ_{ij} 为 Kronecker 函数。

依据式 (4.10)，可以得到：

$$\sigma_{ij} = S_{ij} + \delta_{ij}\sigma_m \tag{4.11}$$

一般而言，球应力张量 σ_m 只引起岩石体积的改变，而不改变其形状；偏应力张量 S_{ij} 只引起岩石形状的改变，而不改变其体积。

岩石内部的应变张量也可以分解为球应变张量 ε_m 和偏应变张量 e_{ij}，其表达式为

$$\begin{cases} \varepsilon_{\mathrm{m}} = \dfrac{1}{3}(\varepsilon_1 + \varepsilon_2 + \varepsilon_3) = \dfrac{1}{3}\varepsilon_{\mathrm{kk}} \\ e_{ij} = \varepsilon_{ij} - \delta_{ij}\varepsilon_{\mathrm{m}} = \varepsilon_{ij} - \dfrac{1}{3}\delta_{ij}\varepsilon_{\mathrm{kk}} \end{cases} \tag{4.12}$$

依据式(4.12)，可以得到：

$$\varepsilon_{ij} = e_{ij} + \delta_{ij}\varepsilon_{\mathrm{m}} \tag{4.13}$$

对于三维应力状态下的 Hooke 体有

$$\begin{cases} \sigma_{\mathrm{m}} = 3K\varepsilon_{\mathrm{m}} \\ S_{ij} = 2Ge_{ij} \end{cases} \tag{4.14}$$

式中，K 为体积模量；G 为剪切模量。

假定岩石体积变化是弹性的，流变性质主要是由偏差应变引起的，则三维应力状态下 Burgers 模型的松弛方程为[17]

$$S_{ij}(t) = \frac{2e_{ij}^0}{\sqrt{p_1^2 - 4p_2}} \cdot [(-q_1 + q_2\alpha)\exp(-\alpha t) + (q_1 - q_2\beta)\exp(-\beta t)] \tag{4.15}$$

其中，

$$p_1 = \frac{\eta_1}{G_1} + \frac{\eta_1 + \eta_2}{G_2}, \quad p_2 = \frac{\eta_1\eta_2}{G_1 G_2}, \quad q_1 = \eta_1, \quad q_2 = \frac{\eta_1\eta_2}{G_2}$$

$$\alpha = \frac{1}{2p_2}(p_1 + \sqrt{p_1^2 - 4p_2}), \quad \beta = \frac{1}{2p_2}(p_1 - \sqrt{p_1^2 - 4p_2})$$

式中，G_1，G_2，η_1，η_2 均为模型参数。

由于岩石应力松弛模型方程十分复杂，模型参数很难根据试验结果直接获得或通过简单的计算求取，一般采用回归分析法或最小二乘法辨识得出模型参数[23]。最小二乘法应用最为广泛，拟合精度高，但通常存在初始参数值选取不当的问题[24]，若初始参数值选取不当，在求解时很容易导致迭代的发散，或者收敛于局部极小点，且收敛速度较慢。本章将 Levenberg-Marquardt（LM）算法引入到最小二乘法中，即 LM-NLSF 法，该方法对迭代初始值的依赖性不强，不易收敛到局部极小点，并且迭代收敛速度加快，能够快速准确地辨识得出应力松弛模型中的参数。依据式（4.15），采用 LM-NLSF 法对试验曲线进行非线性拟合，辨识后得到的 Burgers 松弛模型参数如表 4.3 所示。

表 4.3　Burgers 松弛模型参数

应变 $\varepsilon/\%$	G_1/MPa	$\eta_1/(\text{MPa}\cdot\text{h})$	G_2/MPa	$\eta_2/(\text{MPa}\cdot\text{h})$
0.20	8.94×10^3	6.86×10^5	1.52×10^4	3.39×10^3
0.40	1.11×10^4	5.23×10^5	1.39×10^4	3.74×10^3
0.60	1.13×10^4	4.09×10^5	1.58×10^4	5.89×10^3
0.80	1.23×10^4	3.79×10^5	1.70×10^4	7.32×10^3
1.00	1.28×10^4	3.58×10^5	1.70×10^4	8.67×10^3
1.27	1.37×10^4	2.47×10^5	1.45×10^4	5.87×10^3

　　将表 4.3 中的模型参数代入式（4.15）中，得到模型拟合曲线。可以看出，拟合曲线在形态上与试验曲线非常相似（图 4.7），但模型拟合值与试验值之间存在一定的误差，这也说明了用 Burgers 模型来描述粉砂质泥岩的应力松弛特性存在一定的不足，可以进一步采用其他模型对试验曲线进行辨识研究。

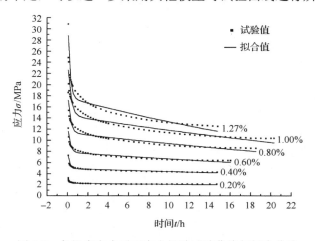

图 4.7　各级应变水平下应力松弛试验曲线与拟合曲线

4.3.3　广义 Maxwell 模型应力松弛方程

本节从更完善的角度进一步采用广义 Maxwell 模型来研究粉砂质泥岩的应力松弛特性，以充分揭示此类岩石的应力-应变-时间特性。

广义 Maxwell 模型是由多个 Maxwell 单元并联组成，如图 4.8 所示。设有 n 个 Maxwell 模型，每个 Maxwell 体包含的常量分别为 G_1、η_1，G_2、η_2，…，G_n、η_n。因并联，系统的总应力为各 Maxwell 体的应力之和，而各 Maxwell 体的应变等于系统总应变。

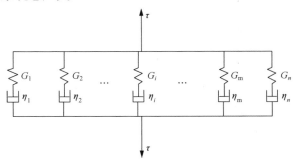

图 4.8　广义 Maxwell 模型

$$\begin{cases} \dfrac{(S_{ij})_1}{2\eta_1} + \dfrac{(\dot{S}_{ij})_1}{2G_1} = \dot{e}_{ij} \\[2mm] \dfrac{(S_{ij})_2}{2\eta_2} + \dfrac{(\dot{S}_{ij})_2}{2G_2} = \dot{e}_{ij} \\[2mm] \qquad\qquad \vdots \\[2mm] \dfrac{(S_{ij})_n}{2\eta_n} + \dfrac{(\dot{S}_{ij})_n}{2G_n} = \dot{e}_{ij} \\[2mm] S_{ij} = (S_{ij})_1 + (S_{ij})_2 + \cdots + (S_{ij})_n \end{cases} \tag{4.16}$$

广义 Maxwell 模型的流变方程可写成

$$p_0 S_{ij} + p_1 \dot{S}_{ij} + p_2 \ddot{S}_{ij} + \cdots = 2q_1 \dot{e}_{ij} + 2q_2 \ddot{e}_{ij} + \cdots \tag{4.17}$$

应用广义 Maxwell 体，可以解释较复杂的松弛现象。若应变条件 $e_{ij} = (e_{ij})_0 =$ const，初始条件 $t = 0$ 时，$S_{ij} = (S_{ij})_0$。由式 (4.16) 可以得到 n 个 Maxwell 体的松弛方程为

$$
\begin{cases}
(S_{ij})_1 = 2G_1(e_{ij})_0 \exp(-\dfrac{G_1}{\eta_1})t \\[2mm]
(S_{ij})_2 = 2G_2(e_{ij})_0 \exp(-\dfrac{G_2}{\eta_2})t \\[2mm]
\qquad\qquad\qquad \vdots \\[2mm]
(S_{ij})_n = 2G_n(e_{ij})_0 \exp(-\dfrac{G_n}{\eta_n})t
\end{cases}
\tag{4.18}
$$

将式(4.18)代入式(4.16)中，即得三维应力状态下广义 Maxwell 体的应力松弛方程：

$$
S_{ij} = 2(e_{ij})_0 \sum_{i=1}^{n} G_i \exp(-\frac{G_i}{\eta_i})t
\tag{4.19}
$$

先采用二单元广义 Maxwell 模型对应力松弛试验曲线进行辨识，该模型与 Burgers 模型一样也包含 4 个黏弹性参数。依据式(4.19)，采用 LM 算法拟合得到的模型参数如表 4.4 所示。

对比表 4.4 中广义 Maxwell 模型与 Burgers 模型拟合的相关系数，可以看出各应变水平下两种模型拟合的相关系数均相同。与 Burgers 模型类似，二单元广义 Maxwell 模型对试验曲线的拟合也存在一定误差，只能通过进一步增加单元数量来达到更精确描述粉砂质泥岩应力松弛特性的目的。

表 4.4　二单元广义 Maxwell 模型参数

应变水平/%	G_1/MPa	η_1/(MPa·h)	G_2/MPa	η_2/(MPa·h)	广义 Maxwell 模型拟合相关系数 R^2	Burgers 模型拟合相关系数 R^2
0.20	5.62×10^3	6.80×10^5	3.33×10^3	4.64×10^2	0.92627	0.92627
0.40	4.98×10^3	7.41×10^2	6.16×10^3	5.21×10^5	0.96195	0.96195
0.60	6.55×10^3	4.07×10^5	4.74×10^3	1.03×10^3	0.96706	0.96706
0.80	5.25×10^3	1.30×10^5	7.10×10^3	3.78×10^5	0.95986	0.95986
1.00	5.56×10^3	1.60×10^3	7.23×10^3	3.56×10^5	0.95990	0.95990
1.27	6.97×10^3	2.45×10^5	6.75×10^3	1.39×10^3	0.96063	0.96063

限于篇幅，以下仅对 1.00%、1.27%两级应变水平下的试验曲线分别采用四单元以及六单元广义 Maxwell 模型进行辨识，拟合得到的四单元以及六单元模型参数分别如表 4.5、表 4.6 所示，两种模型拟合曲线与试验曲线的对比分别如图 4.9、图 4.10 所示。

表 4.5 四单元广义 Maxwell 模型参数

应变水平/%	G_1/MPa	η_1/(MPa·h)	G_2/MPa	η_2/(MPa·h)	G_3/MPa	η_3/(MPa·h)	G_4/MPa	η_4/(MPa·h)	相关系数 R^2
1.00	4.04×10^7	1.29×10^3	3.70×10^4	1.93×10^3	5.64×10^3	1.09×10^4	4.04×10^7	1.31×10^7	0.99774
1.27	6.66×10^3	1.90×10^4	4.68×10^4	2.30×10^3	5.12×10^3	3.21×10^4	5.02×10^3	1.02×10^4	0.99408

表 4.6 六单元广义 Maxwell 模型参数

应变水平/%	G_1/MPa	η_1/(MPa·h)	G_2/MPa	η_2/(MPa·h)	G_3/MPa	η_3/(MPa·h)	G_4/MPa	η_4/(MPa·h)	G_5/MPa	η_5/(MPa·h)	G_6/MPa	η_6/(MPa·h)	相关系数 R^2
1.00	1.08×10^5	3.06×10^3	3.31×10^3	3.34×10^3	2.51×10^3	1.96×10^4	9.92×10^3	3.43×10^3	3.78×10^3	5.75×10^2	2.60×10^3	2.03×10^4	0.99997
1.27	3.19×10^3	2.58×10^3	3.83×10^3	2.12×10^3	5.08×10^3	2.71×10^4	9.30×10^3	3.11×10^3	3.19×10^3	7.08×10^3	3.19×10^3	2.02×10^3	0.99979

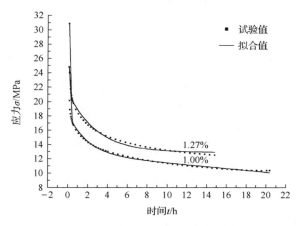

图 4.9　四单元广义 Maxwell 模型拟合曲线与试验曲线

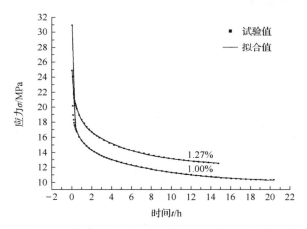

图 4.10　六单元广义 Maxwell 模型拟合曲线与试验曲线

　　从表 4.5、表 4.6 可以看出，随着单元数量的增加，模型拟合的相关系数不断增大。从图 4.9、图 4.10 可以看出，四单元广义 Maxwell 模型拟合曲线与试验曲线吻合较好，而六单元广义 Maxwell 模型拟合曲线与试验曲线几乎完全吻合。单元数量越多，拟合结果越精确，模型越能准确地反映岩石的应力松弛特性。因此，六单元广义 Maxwell 模型可以准确描述粉砂质泥岩的应力松弛特性。但从工程应用角度来讲，单元数量越多，需要确定的模型参数也就越多。四单元广义 Maxwell 模型有 8 个黏弹性参数，而六单元广义 Maxwell 模型有 12 个黏弹性参数，过多的参数会给模型工程应用带来困难。因此，针对工程实际，构建能较好反映岩石应力松弛特性、精度高且简单实用的本构模型是十分重要的。

4.3.4　元件模型的比较

综合 Burgers 模型和二单元、四单元以及六单元广义 Maxwell 模型的辨识结果可知，四单元以及六单元广义 Maxwell 模型拟合的相关系数高，拟合效果好，但这两种模型需要确定的参数过多，给工程实际应用带来了困难。Burgers 模型以及二单元广义 Maxwell 模型拟合的相关系数一致，虽然两种模型拟合值与试验值之间存在一定的误差，但模型参数较少，便于工程应用。对比式(4.15)与式(4.19)，可以看出 Burgers 模型应力松弛方程复杂，模型参数不易求解，而二单元广义 Maxwell 模型应力松弛方程简单直观，模型参数易于求解。因此，从工程应用角度来讲，在上述几种元件模型中，采用二单元广义 Maxwell 模型来描述粉砂质泥岩的应力松弛特性是较适宜的，辨识得出的模型参数具有一定的实用价值。

4.4　本　章　小　结

采用 RLJW-2000 型岩石三轴流变伺服仪，在分级加载条件下完成饱和粉砂质泥岩的三轴压缩应力松弛试验。基于试验结果，划分岩石的应力松弛阶段，分析岩石的应力松弛特征，研究不同应变水平下岩石的应力松弛速率、径向应变、体积应变以及松弛模量随时间的变化规律，探讨岩石应力-应变等时曲线特征，系统地揭示粉砂质泥岩三轴压缩应力松弛特性。各级应变水平下粉砂质泥岩应力松弛曲线的形态相似，应力衰减轨迹为连续光滑的曲线。应力松弛曲线可以划分为：快速松弛、减速松弛、稳定松弛 3 个阶段。应变水平越高，岩石的应力松弛程度越大，达到稳定阶段所需的时间越长。应力松弛稳定后，粉砂质泥岩试样的剩余应力为初始应力的 40%～65%。在峰值应变状态下，粉砂质泥岩试样松弛稳定后应力损失可达 60%。由于应力松弛，岩石的强度得不到充分发挥，这是此类岩石工程产生变形破坏的重要原因之一。岩石应力松弛过程中，在各级应变水平下试样的径向应变并非保持恒定不变，其变化趋势与同一应变水平下应力的变化趋势类似，反映出试样内部应力随时间延长而不断松弛弱化的过程。与应力松弛曲线 3 个阶段相对应，径向应变随时间的变化曲线也可以划分为 3 个阶段，即快速衰减阶段、减速衰减阶段、稳定阶段。试样体积应变的变化规律与径向应变的变化规律是一致的，同样也反映出试样内部应力随时间延长而不断松弛弱化的过程。应变水平 0.40%是试样从以轴向压缩变形为主转变为以径向膨胀变形为主的临界应变，应变水平 0.80%是试样产生体积扩容的临界应变。在 0.20%~1.00%的应变水平下，粉砂质泥岩可以视为线性黏弹性体，在 1.27%的峰值应变水平下，粉砂质泥岩可以近似视为线性黏弹性体。因此，可以用线性黏弹性模型来描述粉砂质泥岩的应力松弛特性。

　　粉砂质泥岩的应力松弛具有明显的黏弹性特征，可以用黏弹性模型来描述岩石的应力松弛特性。分别采用 Burgers 模型和二单元、四单元以及六单元广义 Maxwell 模型对各级应变水平下的试验曲线进行辨识研究。对比 Burgers 模型，二单元、四单元以及六单元广义 Maxwell 模型的辨识结果，表明六单元广义 Maxwell 模型可以准确描述粉砂质泥岩的应力松弛特性，从工程应用角度来讲，采用二单元广义 Maxwell 模型来描述粉砂质泥岩的应力松弛特性是较适宜的，辨识得出的模型参数具有一定的实用价值。

参 考 文 献

[1] 李永盛. 单轴压缩条件下四种岩石的蠕变和松弛试验研究. 岩石力学与工程学报, 1995, 14(1): 39-47.

[2] 杨淑碧, 徐进, 董孝璧. 红层地区砂泥岩互层状斜坡岩体流变特性研究. 地质灾害与环境保护, 1996, 7(2): 12-24.

[3] 邱贤德, 庄乾城. 岩盐流变特性的研究. 重庆大学学报(自然科学版), 1995, 18(4): 96-103.

[4] Yang C H, Daemen J J K, Yin J H. Experimental investigation of creep behavior of salt rock. International Journal of Rock Mechanics and Mining Sciences, 1998, 36(2): 233-242.

[5] 杨春和, 殷建华, Daemen J J K. 盐岩应力松弛效应的研究. 岩石力学与工程学报, 1999, 18(3): 262-265.

[6] 杨春和, 白世伟, 吴益民. 应力水平及加载路径对盐岩时效的影响. 岩石力学与工程学报, 2000, 19(3): 270-275.

[7] 冯涛, 王文星, 潘长良. 岩石应力松弛试验及两类岩爆研究. 湘潭矿业学院学报, 2000, 15(1): 27-31.

[8] 唐礼忠, 潘长良. 岩石在峰值荷载变形条件下的松弛试验研究. 岩土力学, 2003, 24(6): 940-942.

[9] 唐礼忠, 潘长良, 谢学斌. 深埋硬岩矿床岩爆控制研究. 岩石力学与工程学报, 2003, 22(7): 1067-1071.

[10] 李铀, 朱维申, 彭意, 等. 某地红砂岩多轴受力状态蠕变松弛特性试验研究. 岩土力学, 2006, 27(8): 1248-1252.

[11] 曹平, 郑欣平, 李娜, 等. 深部斜长角闪岩流变试验及模型研究. 岩石力学与工程学报, 2012, 31(S1): 3015-3021.

[12] 田洪铭, 陈卫忠, 赵武胜, 等. 宜-巴高速公路泥质红砂岩三轴应力松弛特性研究. 岩土力学, 2013, 34(4): 981-986.

[13] 刘志勇, 肖明砾, 谢红强, 等. 基于损伤演化的片岩应力松弛特性. 岩土力学, 2016, 37(S1): 101-107.

[14] 周德培. 岩石流变性态研究(博士学位论文). 成都: 西南交通大学, 1986.

[15] 周德培. 流变力学原理及其在岩土工程中的应用. 成都: 西南交通大学出版社, 1995: 142-143.

[16] 刘小伟. 引洮工程红层软岩隧洞工程地质研究(博士学位论文). 兰州: 兰州大学, 2008.

[17] 熊良宵, 杨林德, 张尧. 绿片岩多轴受压应力松弛试验研究. 岩土工程学报, 2010, 32(8): 1158-1165.

[18] 田洪铭, 陈卫忠, 肖正龙, 等. 泥质粉砂岩高围压三轴压缩松弛试验研究. 岩土工程学报, 2015, 37(8): 1433-1439.

[19] Haupt M. A constitutive law for rock salt based on creep and relaxation tests. Rock Mechanics and Rock Engineering, 1991, 24(4): 179-206.

[20] Cristescu N D, Hunsche U. Time Effects in Rock Mechanics. New York: John Wiley and Sons, Inc., 1998: 27-30.

[21] 刘雄. 岩石流变学概论. 北京: 地质出版社, 1994: 40-43.

[22] 范广勤. 岩土工程流变力学. 北京: 煤炭工业出版社, 1993: 36-38.

[23] 李青麟. 软岩蠕变参数的曲线拟合计算方法. 岩石力学与工程学报, 1998, 17(5): 559-564.

[24] 丁秀丽, 付敬, 刘建, 等. 软硬互层边坡岩体的蠕变特性研究及稳定性分析. 岩石力学与工程学报, 2005, 24(19): 3410-3418.

第5章 岩石常规力学、蠕变以及应力松弛
特性的对比

岩石的力学特性是岩石力学的主要研究内容，也是岩石工程必须解决的基本问题。岩石的力学特性包括岩石的常规力学特性、流变力学特性等。常规力学特性是岩石的基本力学属性，这一力学特性假定岩石内的应力应变状态只取决于加荷大小和顺序，不考虑时间因素，即仅关注岩石的常规力学特性。在岩石常规拉伸、压缩、剪切等力学特性方面，已开展了大量的试验工作，取得了许多研究成果[1~10]。流变特性是岩石的重要力学特性之一，与岩石工程的长期稳定和安全密切相关。岩石流变力学理论将时间作为独立参数，着重研究岩石应力应变随时间的变化规律。蠕变与应力松弛是岩石流变力学研究的两个重要方面。在岩石单轴压缩蠕变、多轴压缩蠕变，岩体结构面剪切蠕变等力学特性方面，研究人员取得了较多研究成果[11~27]。应力松弛试验由于要求仪器具有长时间保持应变恒定的性能，试验技术难度大，目前国内外在这方面开展的研究工作还不多[28~33]，有待于进一步深入研究。

在一些流变试验中，研究人员比较了岩石瞬时强度与其蠕变长期强度的关系，研究结果表明，与瞬时强度相比，岩石的蠕变长期强度将有一定程度的折减，尤其是在软岩饱水后，岩石的蠕变长期强度折减程度增大，在工程防治中应考虑岩石蠕变长期强度折减的问题[20~22]。然而在相同的试验条件下，对同种岩石的常规力学特性，蠕变特性以及应力松弛特性进行对比研究，将有助于深入了解长期荷载作用下岩石力学性质的衰减规律，为岩石工程的长期稳定与安全运营提供科学依据，同时也有助于丰富和完善岩石力学理论的研究。鉴于此，本章在尽可能减少试样之间离散性的前提下，对饱和粉砂质泥岩分别进行了常规三轴压缩试验、三轴压缩蠕变试验以及三轴压缩应力松弛试验。基于试验结果，比较了 3 种力学试验得出的岩石试样轴向强度的大小以及轴向峰值应变的大小，比较了常规力学试验得出的剪切模量 G 与 Burgers 蠕变模型和应力松弛模型得出的瞬时剪切模量 G_1 的大小关系，并比较了 Burgers 蠕变模型与应力松弛模型对应参数值的大小关系。

5.1　岩石常规力学试验

粉砂质泥岩的常规单轴、三轴压缩试验方法与试验结果已在第 2 章介绍。依据粉砂质泥岩常规力学试验曲线，得出岩石的单轴压缩强度 R_c、三轴压缩强度 σ_s，弹性模量 E、泊松比 μ，依据 Mohr-Coulomb 强度准则，得出岩石的抗剪强度参数：黏聚力 c 为 4.44MPa，内摩擦角为 φ 为 44.81°。其他常规力学参数如表 5.1 所示。

表 5.1　饱和粉砂质泥岩常规力学参数

σ_3/MPa	$\sigma_s (R_c)$ /MPa	E/GPa	μ
0	11.96	1.75	0.28
1	26.63	2.66	0.33
2	34.69	3.75	0.36
3	38.99	4.35	0.34
4	44.80	4.84	0.33

5.2　岩石蠕变试验

5.2.1　试验设备及方法

采用 RLJW-2000 微机控制岩石三轴、剪切流变伺服仪，进行分级加载下的饱和粉砂质泥岩蠕变试验。试验中围压设置为 1MPa，将常规三轴压缩试验获得的该围压下试样抗压强度26.6MPa 的 75%～85%作为拟施加的最大荷载，即最大荷载为 19.95～22.61MPa，将此最大荷载分为 6～8 级，在同一试样上由小到大逐级施加。为避免加载应力过大，造成试样过快破坏，试验中各级应力水平差值取为 2MPa。各级荷载持续施加的时间由试样的应变速率控制。试验中，岩石蠕变的稳定标准采用当变形增量小于 0.001mm/d 时，则施加下一级荷载，直至试样发生破坏，试验停止[34]。试验过程中计算机自动采集数据，采集频率为：加载过程中及加载后 1h 内 100 次/min，之后 1 次/min。试验过程中室内的温度始终控制在(22.0±0.5)℃，湿度控制在 40%±1%。

5.2.2　试验结果

蠕变试验共施加了 9 级荷载，各级荷载持续时间大于 80h，历时 756h。图 5.1 给出了粉砂质泥岩分级加载蠕变曲线，曲线上的数字代表施加的各级轴向应力水平。

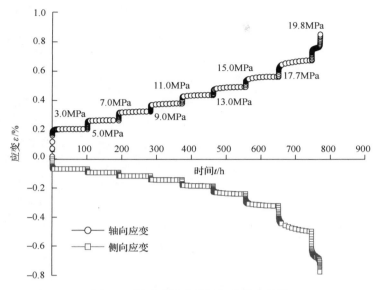

图 5.1　粉砂质泥岩分级加载蠕变曲线

从图 5.1 可以看出，当应力水平大于 11MPa 时，每一分级应力水平下粉砂质泥岩的径向应变增幅较轴向应变大，这是由于饱和粉砂质泥岩属软岩，强度低，在 1MPa 较低围压的作用下，对径向变形的约束能力弱，随轴向应力的增加，导致试样的径向应变增幅较轴向应变大。

由于采用了分级加载方式，因此需要采用 Boltzmann 叠加原理对试验数据进行处理。不同应力水平下粉砂质泥岩的轴向加载蠕变曲线如图 5.2 所示。由于本章仅对岩石的轴向蠕变特性进行研究，因此，岩石的径向分别加载蠕变曲线不再显示。

5.2.3　岩石蠕变本构模型

在低于破裂应力水平时，对蠕变试验曲线特征进行分析，可以看出粉砂质泥岩的蠕变表现出明显的黏弹性特征。描述岩石黏弹性蠕变特性的元件模型有许多种，目前最常用的有三元件的广义 Kelvin 模型与四元件的 Burgers 模型等。Burgers 模型是一种黏弹性体，能够较好地描述具有衰减蠕变和稳定蠕变特征的蠕变曲线，并且模型简单实用。因此，选用 Burgers 模型来描述粉砂质泥岩的衰减蠕变与稳定蠕变特性，并确定模型参数。

Burgers 模型(图 5.3)由 Maxwell 体与 Kelvin 体串联而成，简称 Bu 体，又称四单元体。

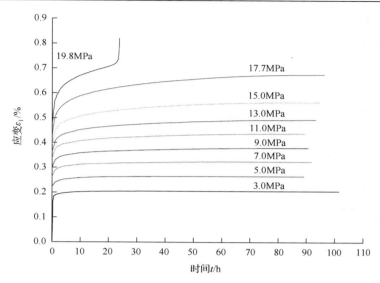

图 5.2　不同应力水平下粉砂质泥岩轴向分别加载蠕变曲线

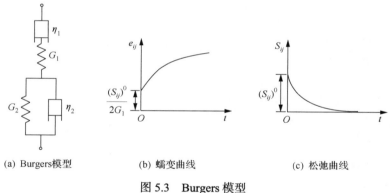

(a) Burgers模型　　　　(b) 蠕变曲线　　　　(c) 松弛曲线

图 5.3　Burgers 模型

三维应力状态下 Burgers 模型的蠕变方程为

$$e_{ij}(t) = \frac{S_{ij}}{2G_1} + \frac{S_{ij}}{2\eta_1}t + \frac{S_{ij}}{2G_2}\left[1 - \exp\left(\frac{G_2}{\eta_2}t\right)\right] \tag{5.1}$$

式中，S_{ij} 和 e_{ij} 分别为三维应力状态下岩体内部的偏应力张量与偏应变张量；G_1 为瞬时剪切模量；G_2 为黏弹性剪切模量；η_1 和 η_2 均为黏滞系数。

　　在破裂应力水平下，粉砂质泥岩的蠕变具有明显的黏弹塑性特征，需要采用非线性元件模型对其进行描述，这里暂不作讨论。

5.2.4　Burgers 蠕变模型参数辨识与验证

依据式(5.1)，采用 Levenberg-Marquardt(LM)算法对粉砂质泥岩轴向蠕变试验曲线进行非线性拟合,辨识得到的 Burgers 蠕变模型参数如表 5.2 所示。

表 5.2　以轴向应变辨识得到的 Burgers 蠕变模型参数

$(\sigma_1 - \sigma_3)$/MPa	G_1/GPa	G_2/GPa	η_1/(GPa·h)	η_2/(GPa·h)
3.0	−0.014975	0.005023	16.666667	0.001079
5.0	0.011185	0.066917	41.666667	0.176679
7.0	0.013163	0.072240	23.333334	0.175000
9.0	0.014848	0.077788	17.307693	0.190840
11.0	0.016114	0.078673	15.714286	0.194898
13.0	0.017338	0.081038	13.265306	0.267931
15.0	0.018125	0.072597	12.711865	0.307377
17.7	0.019403	0.061047	9.619565	0.253002

将表 5.2 中的模型参数代入式(5.1)，得到模型拟合曲线。对比试验曲线与模型拟合曲线，可以看出二者吻合较好(图 5.4)。由此可见，Burgers 蠕变模型可以准确地描述粉砂质泥岩的衰减蠕变与稳定蠕变特性。

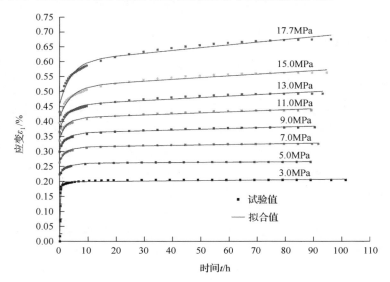

图 5.4　各级应力水平下轴向蠕变试验曲线与拟合曲线

5.3 岩石应力松弛试验

饱和粉砂质泥岩的三轴压缩应力松弛试验，围压与蠕变试验相同，为 1MPa。岩石应力松弛试验结果见第 4 章。为与蠕变试验相对应，采用 Burgers 模型描述岩石的应力松弛特性，以轴向应力辨识得到的 Burgers 应力松弛模型参数如表 5.3 所示。

表 5.3 以轴向应力辨识得到的 Burgers 应力松弛模型参数

应变 ε/%	G_1/GPa	G_2/GPa	η_1/(GPa·h)	η_2/(GPa·h)
0.20	0.008935	0.015206	0.685756	0.003390
0.40	0.011125	0.013874	0.523202	0.003736
0.60	0.011279	0.015796	0.409000	0.005890
0.80	0.012343	0.016990	0.379394	0.007319
1.00	0.012778	0.017001	0.358333	0.008669
1.27	0.013701	0.014492	0.246827	0.005873

5.4 岩石 3 种力学特性对比

5.4.1 轴向强度比较

依据试验结果，1MPa 围压下 3 种力学试验得出的粉砂质泥岩轴向强度分别为：瞬时强度 26.6MPa，蠕变长期强度 19.8MPa，松弛长期强度 12.5MPa。其中，将常规力学试验中试样承受的最大轴向应力作为岩石的瞬时强度；将试样出现加速蠕变阶段所对应的轴向应力水平值作为岩石的蠕变长期强度；峰值应变作用下，将试样松弛稳定后所对应的轴向应力作为岩石的松弛长期强度。比较 3 种轴向强度的大小，可以看出，粉砂质泥岩的瞬时强度最大，蠕变长期强度其次，松弛长期强度最小。蠕变长期强度以及松弛长期强度分别是瞬时强度的 74.4%、46.9%。

比较岩石瞬时强度与蠕变长期强度的关系，表明在常规力学试验中，轴向应力由小到大快速连续施加，试样在很短的时间内被压缩破坏，导致试样内部没有充分时间来产生更多的微裂隙以及促使微裂隙的进一步扩展，因此，试样破坏时破裂面少，破坏程度低，试样的瞬时强度较高。而在蠕变试验中，试样在恒定轴向应力长时间的作用下，试样内的应力有充分时间进行调整和转移，随时间的延长，试样内部的微裂隙不断产生和扩展，直至蠕变变形稳定后，微裂隙才不再产生和扩展，因而在蠕变试验中，试样内部可以产生更多的破裂面，试样损伤程度大，导致岩石的蠕变长期强度较低。因此，粉砂质泥岩的瞬时强度高于其蠕变长期强度。

比较岩石蠕变长期强度与松弛长期强度的关系，表明蠕变试验中，在破坏应力水平下，即长期强度荷载作用下，试样经过一段时间的减速蠕变、等速蠕变后，才发生加速蠕变破坏(图 5.1)。因此，蠕变长期强度是岩石还未发生破坏时的强度，岩石内部仍存在黏聚力和内摩擦力。而应力松弛试验中，在轴向峰值应变的作用下，试样内部与大主应力呈一定角度的宏观裂纹已经形成，随时间的延长，试样内部损伤劣化程度不断加深，达到松弛稳定后，试样的黏聚力和内摩擦力损失程度大。因此，粉砂质泥岩的蠕变长期强度高于其松弛长期强度。

5.4.2　轴向峰值应变比较

依据试验结果，1MPa 围压下常规、蠕变和应力松弛试验得出的岩石轴向峰值应变分别为 1.35%、0.76%和 1.27%，其中蠕变试验的轴向峰值应变是指试样发生加速蠕变瞬间所对应的轴向应变值。比较 3 种峰值应变的大小，可以看出，常规力学试验中试样的轴向峰值应变最大，应力松弛试验中试样的轴向峰值应变其次，蠕变试验中试样的轴向峰值应变最小。

由于岩石变形机制的复杂性，全面系统地揭示上述应变关系产生的原因是非常困难的，这里仅做粗浅分析。常规力学试验中，在快速连续增加的轴向荷载作用下，试样的轴向变形不断增大，试样在很短的时间内被压缩破坏，试样内部没有充分的时间通过微裂隙的产生和扩展来转移释放所受到的应力，因而轴向应力被转移释放的比例较小，从而使试样破坏时产生较大的轴向压缩变形量。而在应力松弛试验中，轴向应变瞬时施加后，总应变保持不变，弹性应变随时间变化逐渐转变为黏弹、黏塑性蠕应变，在这一过程中，随时间的延长试样内部的微裂隙不断产生和扩展，试样所受到的轴向应力被转移释放的比例较大，导致试样松弛稳定后产生的压缩变形量减小。因此，应力松弛试验中试样的轴向峰值应变要较常规力学试验中试样的轴向峰值应变小。

从表 5.4 可以看出，与蠕变稳定所需的时间相比，由于应力松弛响应快，试样达到稳定所需的时间相对较短，因而在应力松弛试验中，试样所受到的轴向应力被转移释放的程度要低于蠕变试验，轴向应力使试样产生的压缩变形量要较蠕变试验大。因此，应力松弛试验中试样的轴向峰值应变要大于蠕变试验中试样的轴向峰值应变。

表 5.4　粉砂质泥岩蠕变稳定与松弛稳定所需时间对比

蠕变试验		应力松弛试验	
应力 $(\sigma_1 - \sigma_3)/$ MPa	蠕变稳定所需 时间 t/h	应变 ε/%	松弛稳定所需 时间 t/h
3.0	71.96	0.20	5.33
5.0	54.01	0.40	12.85
7.0	57.00	0.60	15.03
9.0	59.58	0.80	17.63
11.0	64.08	1.00	19.17
13.0	74.69	1.27	11.23

　　需要说明的是，虽然在试样采集、制备和筛选过程中尽可能使各试样的性状保持一致，但由于岩石的非均匀性以及离散性，试样之间在矿物成分、结构、微裂隙的形态、数量以及分布状况等方面还存在一定的差别。同时，岩石流变试验采用分级加载方式，前一级施加的应力或应变水平会对试样造成一定程度的损伤，影响到下一级应力或应变水平下试样的流变特性，并且随着应力或应变水平的增加，试样的损伤会逐级累加。另外，3 种力学试验中的应力路径也不一致。因此，常规力学试验、蠕变试验以及应力松弛试验结果之间的比较主要是初步的和定性的，具体的定量关系还需要通过进一步的试验工作来确定。

5.4.3　剪切模量 G 与瞬时剪切模量 G_1 比较

　　常规力学试验中，岩石在峰前屈服阶段前被视为弹性体，用剪切模量 G 来表示岩石的弹性变形特征。Burgers 模型中，串联的弹簧元件也被视为弹性体，用瞬时剪切模量 G_1 来表示岩石的弹性变形特征。因此，有必要将 1MPa 围压下常规力学试验得出的剪切模量 G 与 Burgers 蠕变模型和应力松弛模型得出的瞬时剪切模量 G_1 进行对比研究。岩石剪切模量 G 的计算公式如下：

$$G = \frac{E}{2(1+\mu)} \tag{5.2}$$

依据表 5.1，采用式(5.2)计算得出 1MPa 围压下岩石的剪切模量 G=1.015GPa。以轴向应变辨识得到的 Burgers 蠕变模型参数和以轴向应力辨识得到的 Burgers 应力松弛模型参数见表 5.2、表 5.3，从表 5.2、表 5.3 中可以看出，应力水平在 5.0～17.7MPa 时，应变水平在 0.20%～1.27%时，各级应力、应变水平下的模型参数值较为接近，取其平均值作为 Burgers 模型参数，蠕变模型与应力松弛模型的瞬时剪切模量 G_1 分别为 0.016GPa、0.012GPa。

对比剪切模量 G 与瞬时剪切模量 G_1，常规力学参数 G 值与 Burgers 蠕变模型和应力松弛模型参数 G_1 值相差较大，分别是蠕变模型和应力松弛模型参数 G_1 值的 64.5 倍、86.8 倍。

常规力学参数 G 值与 Burgers 蠕变模型和应力松弛模型参数 G_1 值差别较大的原因，与试验加载方法、试验数据处理方法等多种因素有关，这里仅就 3 种力学试验加载方法不同所导致的上述参数差异进行定性分析。常规力学试验中，采用恒定的轴向应变速率对试样施加荷载，试样相对有较多的时间通过微裂隙的压密闭合将所受到的应力转移释放，试样的剪切变形量相对较小，试样的剪切模量 G 较大。蠕变与应力松弛试验中，需瞬间施加轴向荷载，使试样轴向应力或由此产生的轴向应变达到一定的水平值。由于轴向荷载瞬间施加，试样内没有时间通过微裂隙的压密闭和将所受到的应力转移释放，试样瞬间产生的剪切变形量较大，试样的瞬时剪切模量 G_1 较小。因此，由于岩石常规力学试验与蠕变、应力松弛试验加载方法的不同，岩石试样的变形特征也不同，导致常规力学参数 G 值与 Burgers 蠕变模型和应力松弛模型参数 G_1 值差别较大。

5.4.4　Burgers 流变模型参数比较

Burgers 蠕变模型与应力松弛模型参数如表 5.5 所示。

表 5.5　Burgers 蠕变模型与应力松弛模型参数

模型参数	G_1/GPa	G_2/GPa	η_1/(GPa·h)	η_2/(GPa·h)
蠕变模型	0.015739	0.072900	19.088390	0.223675
松弛模型	0.011694	0.015560	0.433752	0.005813
参数比值	1.345998	4.685140	44.007610	38.479560

从表 5.5 中可以看出，对于 G_1、G_2、η_1、η_2 这 4 种参数，蠕变模型辨识得出的参数值均较应力松弛模型辨识得出的参数值大。两种模型的 G_1 参数值大小接近，这是由于蠕变试验以及应力松弛试验中，在瞬间施加轴向应力的过程中，两种试验的试样都产生了瞬时弹性应变，而模型参数 G_1 为瞬时剪切模量，是表征岩石在三轴应力作用下瞬时变形特征的参数，排除试验方法以及试样离散性等的干扰，蠕变与应力松弛试验中同一种岩石材料的 G_1 数值应是恒定不变的。因此，两种流变试验得出的模型参数 G_1 数值无明显变化，这也从一方面证明了文中得出的粉砂质泥岩蠕变与应力松弛模型参数的正确性。而对于其他 3 种参数（G_2、η_1 和 η_2），两种模型辨识得出的参数值差别较大，相差 1～2 个数量级，其中 G_2 参数值相差最小，η_1 参数值相差最大。这一方面与岩石试样的非均匀、离散性以及试验方法等多种因素有关，另一方面也表明，与线黏弹性材料不同，岩石的蠕变特性与应力松弛特性是不同的，不能简单地由岩石的蠕变特性推导得出其应力松弛特性。

与剪切模量 G_1、G_2 参数值相比，两种模型的黏滞系数 η_1、η_2 参数值相差较大，表明 η_1、η_2 对岩石蠕变与应力松弛特性的影响较大，在岩石流变力学研究中应重点关注。

综合岩石蠕变与应力松弛本构模型的研究成果，表明 Burgers 模型可以较好地描述粉砂质泥岩的流变力学特性，辨识得出的模型参数可用于工程黏弹性分析。

5.4.5　岩石流变力学参数的选取

通过以上 Burgers 模型参数的比较，可以看出岩石的蠕变模型参数与应力松弛模型参数是不同的，工程实践中，应针对岩石不同的流变力学特性选取相应的流变参数。岩石的流变力学特性与岩石材料本身的力学属性以及工程应力条件有关，同时还受时间和空间等因素的影响，因此，在岩石工程中准确界定岩石的蠕变或应力松弛行为并选取相应的流变参数是较为困难的，这里仅做几点粗浅分析。

在工程应力场作用下，如果岩石的变形未受到约束，随时间延长，岩石的蠕变变形显著，如高坝坝基岩石的蠕变，在此条件下可以选用岩石的蠕变参数，对工程的长期稳定性进行评价。如果岩石的变形受到约束，蠕变位移较小，岩石的应力松弛效应明显，如高地应力地区深埋地下洞室开挖后即被刚性支撑，围岩发生应力松弛，在此条件下可以选用岩石的应力松弛参数，对工程的长期稳定性进行评价。对于重大岩石工程，也可以分别选用岩石的蠕变和应力松弛参数，对工程的长期稳定性进行评价，以得出对工程长期稳定性相对不利的工况。

　　需要指出的是，实际岩石工程中，蠕变与应力松弛往往是同时存在的。如当岩质边坡开挖时，由于边界条件的不同，一部分岩石在变形受到约束时发生应力松弛，一部分荷载将转移到它附近的区域而引起坡体蠕变，而蠕变的发展亦将进一步引起坡体内部岩石的应力松弛。因此，应进一步改进岩石流变试验仪器，完善相应的试验技术，开展岩石蠕变－应力松弛耦合试验研究，以便更真实地反映岩石的流变力学特性，更准确地评价岩石工程的长期稳定性。

5.5　本 章 小 结

　　在尽可能减少试样之间离散性的前提下，对三峡地区巴东组二段饱和粉砂质泥岩分别进行了常规三轴压缩试验、三轴压缩蠕变试验以及三轴压缩应力松弛试验。基于试验结果，比较了 3 种力学试验得出的岩石试样轴向强度的大小以及轴向峰值应变的大小，比较了常规力学试验得出的剪切模量 G 与 Burgers 蠕变模型和应力松弛模型得出的瞬时剪切模量 G_1 的大小关系，并比较了 Burgers 蠕变模型与应力松弛模型对应参数值的大小关系。

　　粉砂质泥岩试样的瞬时强度最大，蠕变长期强度其次，松弛长期强度最小。常规力学试验中试样的轴向峰值应变最大，应力松弛试验中试样的轴向峰值应变其次，蠕变试验中试样的轴向峰值应变最小。常规力学试验得出的剪切模量 G 值与蠕变模型和应力松弛模型得出的瞬时剪切模量 G_1 值相差较大，分别是蠕变模型和应力松弛模型 G_1 值的 64.5 倍、86.8 倍。对于 G_1、G_2、η_1、η_2 这 4 个参数，蠕变模型辨识得出的参数值均较应力松弛模型辨识得出的参数值大。两种模型的 G_1 参数值大小接近，而其他 3 种参数（G_2、η_1、η_2），两种模型辨识得出的参数值差别较大，相差 1～2 个数量级，其中 G_2 参数值相差最小，η_1 参数值相差最大。与剪切模量 G_1、G_2 参数值相比，两种模型的黏滞系数 η_1、η_2 参数值相差较大，表明 η_1、η_2 对岩石蠕变与应力松弛特性的影响较大，在岩石流变力学研究中应重点关注。与线黏弹性材料不同，岩石的蠕变特性与应力松弛特性是不同的，不能简单地由岩石的蠕变特性推导得出其应力松弛特性。工程实践中，应依据岩石的蠕变或应力松弛特征选取相应的流变参数，以便准确评价岩石工程的长期稳定性。

参 考 文 献

[1]　卢允德, 葛修润, 蒋宇, 等. 大理岩常规三轴压缩全过程试验和本构方程的研究. 岩石力学与工程学报, 2004, 23(15): 2489-2493.

[2]　何满潮, 谢和平, 彭苏萍, 等. 深部开采岩体力学研究. 岩石力学与工程学报, 2005, 24(16): 2803-2813.

[3]　代高飞, 夏才初, 晏成. 龙滩工程岩石试件在拉伸条件下的变形特性试验研究. 岩石力学与工程学报, 2005, 24(3): 384-388.

[4]　尤明庆, 苏承东, 缑勇. 大理岩孔道试样的强度及变形特性的试验研究. 岩石力学与工程学报, 2007, 26(12): 2420-2429.

[5]　Feng X T, Ding W X. Experimental study of limestone micro-fracturing under a coupled stress, fluid flow and changing chemical environment. International Journal of Rock Mechanics and Ming Sciences, 2007, 44(3):437-448.

[6]　陈建胜, 陈从新, 鲁祖德, 等. 强风化角岩力学-变形特性的直剪试验研究. 岩土力学, 2010, 31(9): 2869-2874.

[7]　Faoro I, Vinciguerra S, Marone C, et al. Linking permeability to crack density evolution in thermally stressed rocks under cyclic loading. Geophysical Research Letters, 2013, 40(11): 2590-2595.

[8]　丁梧秀, 陈建平, 徐桃, 等. 化学溶液侵蚀下灰岩的力学及化学溶解特性研究. 岩土力学, 2015, 36(7):1825-1830.

[9]　苏海健, 靖洪文, 赵洪辉, 等. 高温处理后红砂岩抗拉强度及其尺寸效应研究. 岩石力学与工程学报, 2015, 34(S1): 2879-2887.

[10]　苏承东, 韦四江, 杨玉顺, 等. 高温后粗砂岩常规三轴压缩变形与强度特征分析. 岩石力学与工程学报, 2015, 34(S1): 2792-2800.

[11]　Sun J, Hu Y Y. Time-dependent effects on the tensile strength of saturated granite at the three gorges project in China. International Journal of Rock Mechanics and Mining Sciences, 1997, 34(2): 323-337.

[12]　Li J L, Wang L H, Wang X X, et al. Research on unloading nonlinear mechanical characteristics of jointed rock masses. Journal of Rock Mechanics and Geotechnical Engineering, 2010, 2(4): 357-364.

[13]　Fujii Y, Kiyama T, Ishijima Y,et al. Circumferential strain behavior during creep tests of brittle rocks. International Journal of Rock Mechanics and Mining Sciences, 1999, 36(3): 323-337.

[14]　Chen, B R, Zhao X J, Feng X T, et al. Time-dependent damage constitutive model for the marble in the Jinping II hydropower station in China. Bulletin of Engineering Geology and the Environment, 2014, 73(2): 499-515.

[15]　Boukharov G N, Chanda M W, Boukharov N G. The three processes of brittle crystalline rock creep. International Journal of Rock Mechanics & Mining Sciences & Geomechanics Abstracts, 1995, 32(4):325-335.

[16]　Liu Y, Liu C W, Kang Y M, et al. Experimental research on creep properties of limestone under fluid–solid coupling. Environmental Earth Sciences, 2015, 73(11):7011-7018.

[17]　Ma L, Daemen J J K. An experimental study on creep of welded tuff. International Journal of Rock Mechanics and Mining Sciences, 2006, 43(2):282-291.

[18] Maranini E, Brignoli M. Creep behavior of a weak rock: experimental characterization. International Journal of Rock Mechanics and Mining Sciences, 1999, 36(1):127-138.

[19] 徐卫亚, 杨圣奇, 杨松林, 等. 绿片岩三轴流变力学特性的研究(I): 试验结果. 岩土力学, 2005, 26(4): 531-537.

[20] 王志俭, 殷坤龙, 简文星, 等. 三峡库区万州红层砂岩流变特性试验研究. 岩石力学与工程学报, 2008, 27(4): 840-847.

[21] 朱珍德, 李志敬, 朱明礼, 等. 岩体结构面剪切流变试验及模型参数反演分析. 岩土力学, 2009, 30(1): 99-104.

[22] 韩庚友, 王思敬, 张晓平, 等. 分级加载下薄层状岩石蠕变特性研究. 岩石力学与工程学报, 2010, 29(11): 2239-2247.

[23] 伍国军, 陈卫忠, 贾善坡, 等. 岩石锚固界面剪切流变试验及模型研究. 岩石力学与工程学报, 2010, 29(3): 520-527.

[24] 刘志勇, 卓莉, 肖明砾, 等. 残余强度阶段大理岩流变特性试验研究. 岩石力学与工程学报, 2016, 35(S1): 2843-2852.

[25] 范秋雁, 张波, 李先. 不同膨胀状态下膨胀岩剪切蠕变试验研究. 岩石力学与工程学报, 2016, 35(S2): 3734-3746.

[26] 吴池, 刘建锋, 周志威. 岩盐三轴蠕变声发射特征研究. 岩土工程学报, 2016, 38(S2): 318-323.

[27] 蒋玄苇, 陈从新, 夏开宗, 等. 石膏矿岩三轴压缩蠕变特性试验研究. 岩石力学, 2016, 37(S1): 301-308.

[28] 李永盛. 单轴压缩条件下四种岩石的蠕变和松弛试验研究. 岩石力学与工程学报, 1995, 14(1): 39-47.

[29] 杨春和, 殷建华, Daemen J J K. 盐岩应力松弛效应的研究. 岩石力学与工程学报, 1999, 18(3): 262-265.

[30] 唐礼忠, 潘长良. 岩石在峰值荷载变形条件下的松弛试验研究. 岩土力学, 2003, 24(6): 940-942.

[31] 李铀, 朱维申, 彭意, 等. 某地红砂岩多轴受力状态蠕变松弛特性试验研究. 岩土力学, 2006, 27(8): 1248-1252.

[32] 熊良宵, 杨林德, 张尧. 绿片岩多轴受压应力松弛试验研究. 岩土工程学报, 2010, 32(8): 1158-1165.

[33] 于怀昌, 周敏, 刘汉东, 等. 粉砂质泥岩三轴压缩应力松弛特性试验研究. 岩石力学与工程学报, 2011, 30(4): 803-811.

[34] 于怀昌. 三峡地区巴东组粉砂质泥岩流变力学特性的研究及其工程应用(博士学位论文). 武汉: 中国地质大学, 2010.

第6章 水对岩石应力松弛特性影响作用

　　岩石的流变力学特性受岩石组构、应力大小、加载路径、水以及温度等多方面因素的影响，其中水是影响岩石、特别是软岩流变力学特性的重要因素之一。水与岩石之间的物理、化学以及力学作用，不仅使岩石的矿物组成、微结构等特征发生变化，而且使岩石的力学性质随时间推移而不断劣化，流变力学特性发生改变，对工程的长期稳定性产生极大的危害。因此，开展水对岩石流变力学特性影响方面的研究具有重要的理论意义和工程实践意义。

　　蠕变与应力松弛是岩石流变力学特性研究的两个重要方面。目前，有关水对岩石蠕变力学特性的影响方面，研究人员对干燥与饱水状态下的红砂岩[1]、凝灰岩[2]，风干与饱水状态下的花岗岩[3]、安山岩[4]，自然与饱水状态下的斜长角闪岩[5]进行了室内单轴压缩蠕变试验，对不同含水状态的页岩[6]进行了三轴压缩蠕变试验，也对干燥与饱水砂岩[7]、不同含水状态砂岩软弱结构面[8]进行了剪切蠕变试验，较系统地研究了水对岩石蠕变力学特性的影响作用，取得了丰富的研究成果。然而有关水对岩石应力松弛特性影响，目前研究人员还未开展此方面的工作。工程实践表明，在岩石工程中，应力松弛现象相当普遍，岩石的抗松弛性能对于工程的长期稳定和安全同样具有重要的影响[9]。因此，深入开展水对岩石应力松弛特性影响作用方面的研究工作，不仅有助于丰富和完善岩石流变力学理论的研究，而且可以为工程荷载与水作用下大型岩体工程的长期稳定和安全提供科学依据。

　　在岩石应力松弛本构模型研究方面，一般采用经验模型[10, 11]、回归模型[12]、元件模型[13~16]来描述不同岩石的应力松弛特性，而考虑应力松弛过程中岩石流变力学参数的损伤弱化作用，采用损伤力学理论建立岩石的非线性应力松弛损伤模型，目前这一方面的工作才刚开展。田洪铭等[17]提出基于松弛过程中岩石内部损伤能量耗散的损伤演化方程，将松弛损伤因子引入到西原模型中，建立了泥质红砂岩应力松弛损伤模型。然而目前这一方面的研究成果还非常有限，因此非常有必要对岩石应力松弛损伤本构模型进行深入研究，以便更准确地反映岩石的非线性应力松弛特性。

　　鉴于此，本章在相同试验条件下分别对干燥与饱水状态下的粉砂质泥岩进行室内三轴压缩应力松弛试验，依据试验结果，对比分析松弛稳定后以及松弛过程中干燥与饱水粉砂质泥岩应力松弛量、应力松弛度、应力松弛速率等的差异，建立岩石的非线性应力松弛损伤模型。对比分析干燥与饱水岩石应力松弛损伤模型参数的差异，初步总结得出水对粉砂质泥岩应力松弛特性的影响作用规律。研究成果可为今后开展此方面的工作提供有益的参考依据。

6.1　试样制备与试验方法

为研究水对岩石力学特性的影响作用，试验中需要制备干燥和饱水两种含水状态试样，将试样放入烘干机内，在 105℃高温下烘烤 24h，制成干燥试样；将试样放入真空抽气饱和设备中，在 100kPa 真空压力下饱和 24h，制成饱水试样。典型粉砂质泥岩试样如图 6.1 所示。

(a) 干燥试样　　　　　　　　　(b) 饱水试样

图 6.1　典型干燥与饱水岩石试样

试验前，首先对干燥与饱水试样进行常规三轴压缩试验，以便合理确定应力松弛试验中应施加的应变水平级数。常规三轴压缩试验采用 TAWA-2000 微机控制岩石伺服三轴压力试验机，试验围压为 1MPa，采用轴向应变控制，加载速率为 0.01mm/s。干燥与饱水试样常规三轴压缩应力–应变曲线如图 6.2 所示。

应力松弛试验采用 RLJW-2000 微机控制岩石三轴、剪切流变伺服仪。干燥与饱水状态下试验围压相同，均为 1MPa，试验过程中保持围压恒定不变。依据常规三轴试验中试样的最大轴向应变值，将该应变值的 75%～85%等分为 4～6 级，以此作为分级加载中试样施加的轴向应变水平。试验方法以及应力松弛稳定标准已在第 3 章介绍。

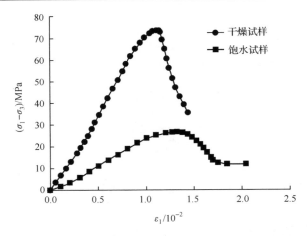

图 6.2　干燥与饱水试样常规三轴压缩应力 - 应变曲线

6.2　试　验　结　果

在应力松弛试验中对干燥试样施加了 5 级轴向应变水平，分别为 0.20%、0.40%、0.60%、0.80%、0.98%，其中 0.98% 为峰值应变下的应力松弛；对饱水试样施加了 6 级轴向应变水平，分别为 0.20%、0.40%、0.60%、0.80%、1.00%、1.27%，其中 1.27% 为峰值应变下的应力松弛。干燥与饱水试样分级加载应力松弛曲线如图 6.3 所示。

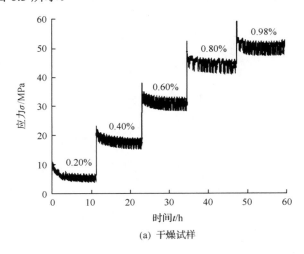

(a) 干燥试样

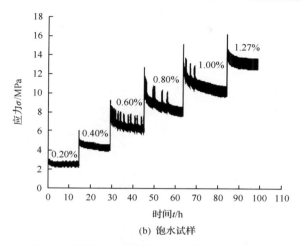

(b) 饱水试样

图 6.3　干燥与饱水试样分级加载应力松弛曲线

从图 6.3 中可以看出，由于室内温度在±0.5℃范围内周期性波动变化，导致干燥与饱水试样分级加载应力松弛试验曲线呈现周期性波动形态。

依据温度的周期性变化情况，对图 6.3 中的干燥与饱水试样试验曲线进行平滑处理，转化为 22℃恒定温度下的曲线。考虑到采用分级加载方式导致的前期加载历史对试样力学性质的影响作用，采用 Boltzmann 叠加原理将分级加载应力松弛试验曲线转化为不同应变水平下的分别加载应力松弛曲线，如图 6.4 所示。

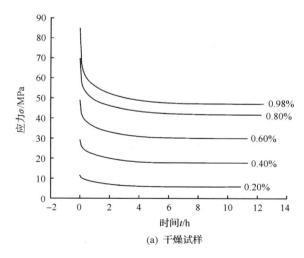

(a) 干燥试样

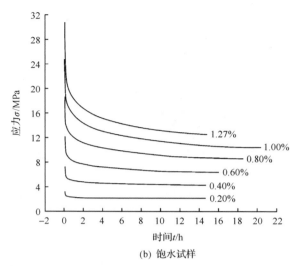

(b) 饱水试样

图 6.4　不同应变水平下干燥与饱水试样分别加载应力松弛曲线

6.3　干燥与饱水状态下岩石应力松弛规律

6.3.1　应力松弛量、应力松弛度与松弛稳定时间

应力松弛量的定义已在第 4 章介绍。这里定义应力松弛度 λ 为

$$\lambda = \frac{\sigma'}{\sigma_0} = \frac{\sigma_0 - \sigma_s}{\sigma_0} \tag{6.1}$$

式中，σ_0 为初始应力，σ_s 为剩余应力，σ' 为应力松弛量。

应力松弛度表示应力衰减损失的程度，应力松弛度越大，松弛稳定后岩石应力衰减损失的程度也就越大。

相同应变水平下，松弛稳定后干燥与饱水试样的总应力松弛量、总应力松弛度以及松弛达到稳定时间 3 个参数的比值如表 6.1 所示。

表 6.1　相同应变水平下干燥与饱水试样应力松弛参数比值

应变水平/%	应力松弛参数比值		
	总应力松弛量	总应力松弛度	松弛稳定时间
0.20	3.96	0.97	0.61
0.40	3.79	0.95	0.40
0.60	3.28	0.83	0.46
0.80	2.81	0.74	0.55

从表 6.1 中可以看出，相同应变水平下干燥试样的总应力松弛量大于饱水试样，为饱水试样总应力松弛量的 2.81~3.96 倍；干燥试样的总应力松弛度小于饱水试样，为饱水试样总应力松弛度的 74%~97%；干燥试样应力松弛达到稳定的时间小于饱水试样，为饱水试样松弛稳定时间的 40%~61%。由此可见，虽然相同应变水平下干燥试样的总应力松弛量大于饱水试样，但干燥试样的应力损失程度即总应力松弛度小于饱水试样。由于水的影响作用，松弛稳定后粉砂质泥岩的总应力松弛量减少、总应力松弛度增大、松弛达到稳定的时间延长。

相同应变水平下不同时刻干燥与饱水试样的应力松弛量如表 6.2 所示。从表 6.2 中可以看出，相同应变水平下不同时刻干燥试样的应力松弛量均大于饱水试样，是饱水试样应力松弛量的 1.31~3.86 倍。在应力松弛的初期 0.1h，干燥与饱水试样的应力松弛量相差较小，比值为 1.31~2.74 倍，之后随时间的延长，两种试样应力松弛量比值呈增加趋势，在 5.0h 处，干燥与饱水试样应力松弛量的比值达 3.17~3.86。由此可以看出，随时间的延长，相同时刻干燥试样应力松弛量值增幅大于饱水试样，即随时间的延长，水对粉砂质泥岩应力松弛量的影响作用减弱。

表 6.2 相同应变水平下各时刻干燥与饱水试样应力松弛量

应变水平/%	应力松弛量/MPa														
	0.1h			0.5h			1.0h			3.0h			5.0h		
	干燥	饱水	比值	干燥	饱水	比值	干燥	饱水	比值	干燥	饱水	比值	干燥	饱水	比值
0.20	0.93	0.71	1.31	1.83	0.87	2.10	2.48	0.95	2.61	3.37	1.11	3.04	3.82	1.12	3.41
0.40	2.93	1.54	1.90	5.99	2.14	2.80	7.63	2.35	3.25	9.79	2.66	3.68	10.69	2.77	3.86
0.60	6.44	2.47	2.61	11.10	3.61	3.07	13.34	4.06	3.29	17.06	4.81	3.55	18.37	5.13	3.58
0.80	11.65	4.25	2.74	17.79	5.87	3.03	20.66	6.64	3.11	25.17	7.96	3.16	27.05	8.53	3.17

相同应变水平下不同时刻干燥与饱水试样的应力松弛度如表 6.3 所示。从表 6.3 中可以看出，相同应变水平下不同时刻干燥试样的应力松弛度均小于饱水试样，是饱水试样应力松弛度的 36%~97%。在应力松弛的初期 0.1h，干燥与饱水试样的应力松弛度相差较小，比值为 0.36~0.74，之后随时间的延长，两种试样应力松弛度比值呈增加趋势，在 5.0h 处，干燥与饱水试样应力松弛度的比值达 0.85~0.97。由此可以看出，随时间的延长，相同时刻干燥试样应力松弛度增幅大于饱水试样，即随时间的延长，水对粉砂质泥岩应力松弛度的影响作用减弱。

表 6.3　相同应变水平下各时刻干燥与饱水试样应力松弛度

应变水平/%	应力松弛度														
	0.1h			0.5h			1.0h			3.0h			5.0h		
	干燥	饱水	比值	干燥	饱水	比值	干燥	饱水	比值	干燥	饱水	比值	干燥	饱水	比值
0.20	0.08	0.22	0.36	0.16	0.27	0.59	0.21	0.29	0.72	0.29	0.34	0.85	0.33	0.34	0.97
0.40	0.10	0.21	0.48	0.20	0.29	0.69	0.26	0.32	0.81	0.33	0.36	0.92	0.36	0.38	0.95
0.60	0.13	0.20	0.65	0.23	0.30	0.77	0.27	0.33	0.82	0.35	0.40	0.88	0.38	0.42	0.90
0.80	0.17	0.23	0.74	0.25	0.32	0.78	0.30	0.36	0.83	0.36	0.43	0.84	0.39	0.46	0.85

峰值应变下，干燥试样的应力松弛量为 37.70MPa，应力松弛度为 0.44，试样松弛稳定后应力损失达 44%；饱水试样的应力松弛量为 18.38MPa，应力松弛度为 0.60，试样松弛稳定后应力损失达 60%。因此，峰值应变下干燥与饱水试样应力松弛的量值以及损失程度均非常显著，应重视岩石应力松弛而引起的工程变形破坏问题。

6.3.2　应力松弛速率

平均应力松弛速率 $\bar{v}$ 定义为应力松弛稳定后，岩石应力松弛量 σ' 与松弛达到稳定所需时间 t 的比值：

$$\bar{v} = \frac{\sigma'}{t} \tag{6.2}$$

依据试验数据，计算得出相同应变水平下干燥与饱水试样的平均应力松弛速率，如表 6.4 所示。

从表 6.4 中可以看出，随应变水平的增加，干燥与饱水试样的平均应力松弛速率均呈增加趋势，即应变水平越高，岩石的平均应力松弛速率越大。相同应变水平下，干燥试样的平均应力松弛速率大于饱水试样，是饱水试样平均应力松弛速率的 5.11～9.29 倍。

表 6.4　相同应变水平下干燥与饱水试样平均应力松弛速率

应变水平/%	平均应力松弛速率/(MPa/h)		
	干燥	饱水	比值
0.20	1.37	0.21	6.52
0.40	2.23	0.24	9.29
0.60	2.71	0.38	7.13
0.80	2.91	0.57	5.11

通过对应力松弛曲线各时刻的斜率进行计算，可以得到相同应变水平下不同时刻干燥与饱水试样的应力松弛速率，如表 6.5 所示。从表 6.5 中可以看出，相同应变水平下同一时刻干燥试样的应力松弛速率均大于饱水试样，是饱水试样应力松弛速率的 1.91～20.50 倍。在应力松弛的瞬间，干燥与饱水试样的初始应力松弛速率相差较小，比值为 1.91～2.74；之后随时间的延长，干燥与饱水试样的应力松弛速率比值总体呈增加趋势，在 3.0h 处，干燥与饱水试样的应力松弛速率比值达 4.06～20.50。由此可以看出，相同应变水平下，干燥试样应力松弛速率降低的比例较小，而饱水试样应力松弛速率降低的比例相对较大。因此，随时间的延长，水对粉砂质泥岩应力松弛速率衰减的影响作用增强。

表 6.5　相同应变水平下各时刻干燥与饱水试样应力松弛速率

应变水平/%	应力松弛速率/(MPa/h)														
	0.0h			0.1h			0.5h			1.0h			3.0h		
	干燥	饱水	比值	干燥	饱水	比值	干燥	饱水	比值	干燥	饱水	比值	干燥	饱水	比值
0.20	17.32	7.05	2.46	7.43	3.88	1.91	2.37	0.22	10.77	1.52	0.12	12.67	0.41	0.02	20.50
0.40	29.31	15.35	1.91	21.06	9.17	2.30	4.41	0.63	7.00	2.22	0.28	7.93	0.67	0.07	9.57
0.60	64.43	24.73	2.61	42.19	15.07	2.80	6.56	1.37	4.79	3.07	0.62	4.95	1.03	0.18	5.72
0.80	116.45	42.45	2.74	70.84	24.97	2.84	8.02	2.20	3.65	3.73	1.16	3.22	1.38	0.34	4.06

综上所述，相同应变水平下，干燥试样的平均应力松弛速率以及各时刻的应力松弛速率均大于饱水试样，即由于水的影响作用，粉砂质泥岩的平均应力松弛速率减小，各时刻岩石的应力松弛速率降低。干燥试样应力松弛速率大，达到松弛稳定阶段的时间也相应比饱水试样短，这也验证了 6.3.1 节中有关粉砂质泥岩应力松弛稳定时间的结论。

6.4　岩石非线性应力松弛损伤模型

依据干燥与饱水试样应力-应变等时曲线，可以求出不同时刻曲线近似线性段岩石的弹性模量[18]，得到应力松弛过程中两种试样弹性模量随时间的变化曲线，如图 6.5 所示。

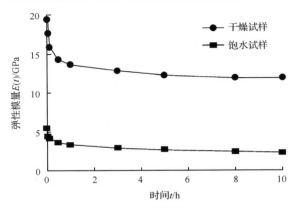

图 6.5　干燥与饱水试样弹性模量随时间的变化曲线

从图 6.5 中可以看出，应力松弛过程中两种试样的弹性模量并非恒定不变，而是随时间的延长不断衰减，逐渐趋于稳定值。因此，有必要考虑岩石流变参数的损伤劣化效应，引入损伤变量表征应力松弛过程中岩石的损伤演化过程，建立粉砂质泥岩的非线性应力松弛损伤模型。

6.4.1　应力松弛损伤演化方程

从岩石材料损伤角度出发，基于应力松弛过程中粉砂质泥岩弹性模量随时间变化的衰减劣化规律，将岩石的应力松弛损伤演化定义为负指数函数形式，建立岩石的损伤演化方程如下：

$$D(t) = D_t = \frac{E_0 - E_\infty}{E_0}(1 - e^{-\alpha t}) \tag{6.3}$$

式中，E_0 为岩石的初始弹性模量；E_∞ 为岩石的长期弹性模量；α 为损伤系数；D_t 为损伤变量。

当 $t=0$ 时，$D_t=0$，即岩石材料在初始状态下未发生损伤作用；随时间的延长，岩石材料的损伤逐渐增大，但 D_t 始终小于 1，即岩石材料未发生完全损伤；当 $t=\infty$ 时，$D_t=(E_0-E_\infty)/E_0$，若 $E_\infty \to 0$，则 $D_t=1$，岩石材料发生完全损伤。

6.4.2　非线性应力松弛损伤模型

Hooke-Kelvin(H-K)模型是一种常用的流变模型，由 Hooke 体和 Kelvin 体串联而成，模型虽简单，但拟合精度相对较低[19]。本章以 H-K 模型为基础，引入损伤变量对模型加以改进，建立岩石非线性应力松弛损伤模型。

一维应力状态下，H-K 流变模型的本构关系为

$$\sigma + \frac{\eta_1}{E_1+E_2}\dot{\sigma} = \frac{E_1E_2}{E_1+E_2}\varepsilon + \frac{E_1\eta_1}{E_1+E_2}\dot{\varepsilon} \tag{6.4}$$

式中，E_1、E_2、η_1 为模型参数；$\dot{\sigma}$、$\dot{\varepsilon}$ 分别为应力、应变的一阶导数。

三维应力状态下，由式(6.4)可以得到 H-K 流变模型的本构关系为

$$S_{ij} + \frac{H_1}{G_1+G_2}\dot{S}_{ij} = \frac{2G_1G_2}{G_1+G_2}e_{ij} + \frac{2G_1H_1}{G_1+G_2}\dot{e}_{ij} \tag{6.5}$$

$$\sigma_m = 3K\varepsilon_m \tag{6.6}$$

式中，S_{ij} 为应力 σ_{ij} 的偏应力，$S_{ij}=\sigma_{ij}-\sigma_m\delta_{ij}$；$\sigma_m$ 为平均正应力；δ_{ij} 为 Kronecker delta 符号；$\dot{S}_{ij}$ 为偏应力的一阶导数；e_{ij} 为应变 ε_{ij} 的偏应变，$e_{ij}=\varepsilon_{ij}-\varepsilon_m\delta_{ij}$；$\varepsilon_m$ 为平均正应变；$\dot{e}_{ij}$ 为偏应变的一阶导数；K 为体积模量；G_1、G_2、H_1 为模型参数。

假设岩石材料为各向同性损伤，流变模型中各参数损伤规律相同，引入损伤变量 D_t 对 H-K 模型加以改进，改进后的模型如图 6.6 所示。

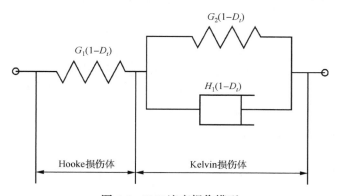

图 6.6　H-K 流变损伤模型

改进后的 H-K 流变损伤模型的三维本构方程为

$$S_{ij} + \frac{H_1}{G_1+G_2}\dot{S}_{ij} = (1-D_t)\left[\frac{2G_1G_2}{G_1+G_2}e_{ij} + \frac{2G_1H_1}{G_1+G_2}\dot{e}_{ij}\right] \tag{6.7}$$

当损伤变量 $D_t=0$ 时，即不考虑岩石材料的损伤劣化作用，则式(6.7)退化为 H-K 模型。

在 $t=0$ 时刻施加恒定应变 e^0 并保持不变，对式(6.7)进行求解，可以得到 H-K 应力松弛损伤模型方程为

$$S_{ij}(t) = 2e_{ij}^0 \left[(1-D_t)\left(G_1 - \frac{G_1 G_2}{G_1 + G_2}\right)\exp\left(-\frac{G_1 + G_2}{H_1}t\right) + (1-D_t)\frac{G_1 G_2}{G_1 + G_2}\right]$$

(6.8)

6.4.3 模型参数辨识

依据式(6.8)，采用 Levenberg-Marquardt(LM)算法[20]，对图 6.4 中的试验曲线进行非线性拟合，得出干燥与饱水试样的 H-K 应力松弛损伤模型参数，分别如表 6.6 和表 6.7 所示。

表 6.6　干燥试样 H-K 应力松弛损伤模型参数

应变水平/%	G_1/MPa	G_2/MPa	$H_1/(\text{MPa} \cdot \text{h})$	α	H-K 应力松弛损伤模型 R^2	H-K 模型 R^2
0.20	2787.6759	3455.7869	7171.8687	0.00671	0.99293	0.99282
0.40	3472.3106	7578.3853	8991.1985	0.02147	0.98092	0.97598
0.60	3854.8169	9640.3330	7248.6353	0.03198	0.96691	0.94908
0.80	4150.2337	10187.9070	4977.6924	0.03939	0.95618	0.92066
0.98	4530.5839	10398.1391	4216.1850	0.04678	0.94570	0.90220

表 6.7　饱水试样 H-K 应力松弛损伤模型参数

应变水平/%	G_1/MPa	G_2/MPa	$H_1/(\text{MPa} \cdot \text{h})$	α	H-K 应力松弛损伤模型 R^2	H-K 模型 R^2
0.20	800.7690	1950.4000	319.0087	0.01293	0.92033	0.90304
0.40	900.9815	1994.0135	396.1591	0.02417	0.96713	0.86064
0.60	989.3080	2117.6725	568.0840	0.03809	0.96365	0.88788
0.80	1135.7220	2247.0159	535.0266	0.05460	0.96938	0.89517
1.00	1213.9886	2255.0367	547.9269	0.06752	0.97167	0.90692
1.27	1394.2461	2906.4330	641.3333	0.07389	0.97189	0.87776

对比表 6.6，表 6.7 中 H-K 应力松弛损伤模型与 H-K 模型的拟合相关系数 R^2，可以看出，H-K 应力松弛损伤模型的拟合精度有较大幅度的提高，模型拟合值与试验值的吻合程度更好。因此，采用 H-K 应力松弛损伤模型可以更准确地描述干燥与饱水粉砂质泥岩的应力松弛特性，并且模型参数少，物理意义明确，模型具有较高的实用价值。

6.4.4　模型参数对比研究

从表 6.6、表 6.7 中可以看出，与线弹性材料不同，不同应变水平下模型参数值大小并不相同，具有一定的变化规律。干燥试样的模型参数 G_1、G_2 随应变水平的增加而增大，H_1 随应变水平的增加而减小；饱水试样的模型参数 G_1、G_2、H_1 均随应变水平的增加而增大。两种含水状态下 H-K 应力松弛损伤模型参数 G_1、G_2 随应变水平的变化趋势相同，而 H_1 随应变水平的变化趋势不同。

相同应变水平下，干燥与饱水试样的 H-K 应力松弛损伤模型参数 G_1、G_2、H_1 的比值如表 6.8 所示。

表 6.8　相同应变水平下干燥与饱水试样 H-K 应力松弛损伤模型参数比值

应变水平/%	模型参数比值		
	G_1	G_2	H_1
0.20	3.48	1.77	22.48
0.40	3.85	3.80	22.70
0.60	3.90	4.55	12.76
0.80	3.65	4.53	9.30

从表 6.8 中可以看出，相同应变水平下干燥试样的模型参数值均大于饱水试样的相应参数值。在 0.20%～0.80%的应变水平范围内，干燥试样 G_1 模型参数值是饱水试样的 3.48～3.90 倍，G_2 模型参数值是饱水试样的 1.77～4.55 倍，H_1 模型参数值是饱水试样的 9.30～22.70 倍。干燥与饱水试样的 H-K 应力松弛损伤模型参数值中，H_1 相差最大，G_1、G_2 相差较小，表明水对 H-K 应力松弛损伤模型参数中的 H_1 影响最大，对 G_1、G_2 影响较小。换言之，粉砂质泥岩应力松弛过程中，水对岩石的黏性力学特性影响作用较大，而对岩石的瞬时弹性和黏弹性力学特性影响作用相对较小。

从表 6.8 中还可以看出，不同应变水平下干燥与饱水试样的 G_1 模型参数比值基本一致，变化幅度较小。G_1 是表征岩石瞬时弹性力学特性的参数，排除试样间离散性、试验条件等方面的影响，不同应变水平下两种试样的 G_1 模型参数比值应是恒定的，而本章得出的不同应变水平下两种试样的 G_1 模型参数比值接近，变化幅度较小，这一方面证明了辨识得出的模型参数的正确性，另一方面也表明水对岩石瞬时弹性力学特性的影响作用与所施加的应变水平大小基本无关。随应变水平的增加，G_2 模型参数比值呈增加趋势，而 H_1 模型参数比值呈降低趋势。从以上分析可以看出，粉砂质泥岩应力松弛过程中，随应变水平的增加，水对岩石瞬时弹性力学特性的影响作用基本不变，对岩石黏弹性力学特性的影响作用减弱，而对岩石黏性力学特性的影响作用增强。

6.4.5　损伤变量变化规律

图 6.7 所示为 0.20%～0.80%应变水平范围内干燥与饱水粉砂质泥岩的损伤变量 D_t 随时间 t 的变化曲线。

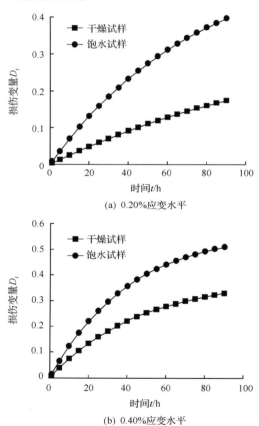

(a) 0.20%应变水平

(b) 0.40%应变水平

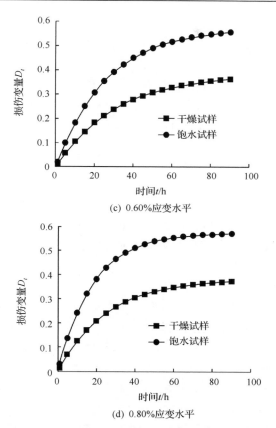

图 6.7　不同应变水平下损伤变量随时间的变化曲线

从图 6.7 中可以看出，随时间的延长，4 种应变水平下干燥与饱水试样的损伤变量值均逐渐增大，呈非线性增长趋势，逐渐趋于某一恒定值；相同时刻，应变水平越高，两种试样的损伤变量值也越大；即随应变水平和时间的增加，粉砂质泥岩的损伤程度也逐渐增大。相同应变水平下同一时刻饱水试样的损伤变量值始终大于干燥试样，即由于水的影响作用，粉砂质泥岩的损伤程度增大。从以上分析可以看出，粉砂质泥岩应力松弛过程中，一方面岩石的损伤受应变水平和时间两种因素的影响作用，另一方面水也对岩石产生了显著的损伤劣化作用。因此，试验中粉砂质泥岩的应力松弛损伤受应变水平、时间以及水 3 种因素的共同影响，而基于上述损伤变量建立的 H-K 应力松弛损伤模型可以有效地反映 3 种因素对粉砂质泥岩应力松弛参数的综合损伤弱化作用。

6.5　水对岩石应力松弛特性的影响机制

水对岩石应力松弛特性的影响作用是一种复杂的物理、化学、力学过程[21]，也是一种岩石微观结构变化导致其宏观力学性质改变的过程，其影响因素多并且十分复杂。因此，全面揭示水对岩石应力松弛特性的影响机理是十分困难的，这里仅做粗浅的定性分析。

粉砂质泥岩作为漫长地质作用的产物，主要由石英、长石、黏土矿物等组成，泥质胶结，岩石内部含有大量的矿物解理、微裂隙、孔隙等缺陷。由于水的软化、泥化等物理作用，削弱了粉砂质泥岩颗粒间的黏结力；岩石中所含的蒙脱石等亲水性矿物遇水后颗粒间水膜增厚，引起岩石的膨胀，进一步削弱了颗粒间的黏结力；由于水的溶解等化学作用，导致岩石内部孔隙、裂隙等缺陷的进一步扩大。这些因素导致了饱水试样颗粒间黏结力较干燥试样低。

应力松弛过程中，加载瞬间由于岩石内的孔隙水来不及向周围扩散，孔隙水压力为零，干燥与饱水试样颗粒骨架间存在的都是有效应力。因此，在应力松弛加载瞬间，干燥与饱水试样都主要表现出弹性力学特征，干燥与饱水试样的瞬时弹性参数 G_1 相差相对较小。加载完成后，总应变保持不变，弹性应变逐渐转化为黏弹性、黏性应变，在这一过程中，岩石内部裂隙不断产生和扩展，导致试样的应力不断松弛降低。与干燥试样相比，饱水试样一方面颗粒间黏结力低，另一方面颗粒间存在着孔隙水压力，这两种因素导致饱水试样内部颗粒骨架间的有效应力低，在较小的外部应力作用下岩石颗粒间就会发生滑移错动，持续、相对慢速的产生细小的微裂隙，应力不断松弛降低。干燥试样由于受水的物理、化学、力学影响作用较小，颗粒间黏结力大，需要相对较高的作用力才能使试样内部产生微裂隙，并且总体上干燥试样产生的微裂隙长度、宽度、速度等都要大于饱水试样。因此，与干燥试样相比，饱水试样应力松弛速度相对较慢，松弛达到稳定所需的时间长，应力松弛度高。在这一时间过程中，水对岩石的黏性力学特征影响显著，而对岩石的黏弹性力学特征影响相对较小。

6.6　本　章　小　结

在相同试验条件下分别对干燥与饱水状态下的粉砂质泥岩进行室内三轴

压缩应力松弛试验。依据试验结果，分析了松弛稳定后水对岩石总应力松弛量、总应力松弛度、松弛稳定时间、平均应力松弛速率的影响作用，并且分析了松弛过程中随时间的延长水对岩石应力松弛量、应力松弛度、应力松弛速率影响作用的变化趋势。考虑粉砂质泥岩流变参数的损伤劣化效应，以 Hooke-Kelvin 模型为基础，引入损伤变量对模型加以改进，建立了岩石的非线性应力松弛损伤模型。应用 Levenberg-Marquardt 算法，辨识得出干燥与饱水岩石的应力松弛损伤模型参数。基于辨识结果，研究了水对岩石非线性应力松弛损伤模型参数的影响作用。

　　由于水的影响，松弛稳定后粉砂质泥岩的总应力松弛量减少、总应力松弛度增大、松弛达到稳定的时间延长。松弛过程中，随时间的延长，水对粉砂质泥岩应力松弛量与应力松弛度的影响作用减弱。由于水的影响作用，粉砂质泥岩的平均应力松弛速率减小，各时刻岩石的应力松弛速率降低。松弛过程中，随时间的延长，水对粉砂质泥岩应力松弛速率衰减的影响作用增强。粉砂质泥岩应力松弛过程中，水对岩石的黏性力学特性影响作用较大，而对岩石的瞬时弹性和黏弹性力学特性影响作用相对较小。随应变水平的增加，水对岩石瞬时弹性力学特性的影响作用基本不变，对岩石黏弹性力学特性的影响作用减弱，而对岩石黏性力学特性的影响作用增强。粉砂质泥岩的应力松弛损伤受应变水平、时间以及水 3 种因素的共同影响，而本章建立的 H-K 非线性应力松弛损伤模型可以有效地反映 3 种因素对岩石应力松弛参数的综合损伤弱化作用，模型参数少，物理意义明确，具有较高的实用价值。

　　水对粉砂质泥岩应力松弛特性的影响作用是极其显著的，水极大地增强了岩石的时效特征，改变了粉砂质泥岩的应力松弛特性。因此，在重大工程设计和施工中，不能忽视水对岩石应力松弛特性的影响作用。

参 考 文 献

[1]　孙钧. 岩土材料流变及其工程应用. 北京: 中国建筑工业出版社, 1999: 406-410.

[2]　朱合华, 叶斌. 饱水状态下隧道围岩蠕变力学性质的试验研究. 岩石力学与工程学报, 2002, 21(12): 1791-1796.

[3]　李铀, 朱维申, 白世伟, 等. 风干与饱水状态下花岗岩单轴流变特性试验研究. 岩石力学与工程学报, 2003, 22(10): 1673-1677.

[4]　Okubo S, Fukui K, Hashiba K. Long-term creep of water- saturated tuff under uniaxial compression. International Journal of Rock Mechanics and Mining Sciences, 2010, 47(5): 839-844.

[5]　张春阳, 曹平, 汪亦显, 等. 自然与饱水状态下深部斜长角闪岩蠕变特性. 中南大学学报(自然科学版), 2013, 44(4): 1587-1595.

[6] 杨彩红, 王永岩, 李剑光, 等. 含水率对岩石蠕变规律影响的试验研究. 煤炭学报, 2007, 32(7): 695-699.

[7] 李男, 徐辉, 胡斌. 干燥与饱水状态下砂岩的剪切蠕变特性研究. 岩土力学, 2012, 33(2): 439-443.

[8] 李鹏, 刘建, 朱杰兵, 等. 软弱结构面剪切蠕变特性与含水率关系研究. 岩土力学, 2008, 29(7): 1865-1871.

[9] 于怀昌, 周敏, 刘汉东, 等. 粉砂质泥岩三轴压缩应力松弛特性试验研究. 岩石力学与工程学报, 2011, 30(4): 803-811.

[10] 周德培, 朱本珍, 毛坚强. 流变力学原理及其在岩土工程中的应用. 成都: 西南交通大学出版社, 1995: 116-120.

[11] 熊良宵, 杨林德, 张尧. 绿片岩多轴受压应力松弛试验研究. 土工程学报, 2010, 32(8): 1158-1165.

[12] 邱贤德, 庄乾城. 岩盐流变特性的研究. 重庆大学学报(自然科学版), 1995, 18(4): 96-103.

[13] 刘小伟. 引洮工程红层软岩隧洞工程地质研究(博士学位论文). 兰州: 兰州大学, 2008.

[14] 李铀, 朱维申, 彭意, 等. 某地红砂岩多轴受力状态蠕变松弛特性试验研究. 岩土力学, 2006, 27(8): 1248-1252.

[15] 曹平, 郑欣平, 李娜, 等. 深部斜长角闪岩流变试验及模型研究. 岩石力学与工程学报, 2012, 31(S1): 3015-3021.

[16] 苏承东, 陈晓祥, 袁瑞甫. 单轴压缩分级松弛作用下煤样变形与强度特征分析. 岩石力学与工程学报, 2014, 33(6): 1135-1141.

[17] 田洪铭, 陈卫忠, 赵武胜, 等. 宜一巴高速公路泥质红砂岩三轴应力松弛特性研究. 土力学, 2013, 34(4): 981-86.

[18] 许宏发. 软岩强度和弹模的时间效应研究. 岩石力学与工程学报, 1997, 16(3): 246-251.

[19] 梁冰, 李平. 孔隙压力作用下圆形巷道围岩的蠕变分析. 力学与实践, 2006, 28(5): 69-72.

[20] 朱杰兵, 汪斌, 邬爱清. 锦屏水电站绿砂岩三轴卸荷流变试验及非线性损伤蠕变本构模型研究. 岩石力学与工程学报, 2010, 29(3): 528-534.

[21] 仵彦卿. 地下水与地质灾害. 地下空间, 1999, 19(4): 303-310.

第 7 章　围压对岩石应力松弛特性影响作用

软岩是水利、采矿、交通、能源、国防等行业中最常见、最重要的介质之一。软岩不仅强度低，而且具有显著的流变特性。软岩的流变特性是影响高边坡、深埋地下洞室等工程长期安全与稳定的关键因素之一[1~9]。软岩的流变力学特性与岩石组构、应力状态、温度等多种因素有关。实际工程中，岩石一般处于三向应力状态，因此，研究围压对软岩流变力学特性的影响作用就具有重要的理论意义和工程实践意义。

目前，有关围压对软岩蠕变力学特性的影响方面，国内外学者已开展了相关的研究工作，取得了较多的研究成果。万玲等[10]利用自行研制的岩石三轴蠕变仪，对泥岩进行系统的三轴蠕变试验。围压分别为 10MPa、20MPa 和 30MPa。试验结果表明当应力差一定时，围压增加，蠕变减慢，在稳态蠕变阶段的应变率减小，试件不易破坏。范庆忠等[11]在低围压条件下对龙口矿区含油泥岩的蠕变特性进行三轴压缩蠕变试验，分析了围压对岩石蠕变参数的影响。含油泥岩存在一个起始蠕变应力阈值，该阈值随围压的增大呈线性增加；其蠕变破坏应力也大致与围压呈比例关系，但两者随围压的增长率差异很大。陈文玲和赵法锁[12]对云母石英片岩进行三轴蠕变试验，结果表明围压越大，对径向变形的约束能力越强，径向蠕变长期强度和轴向蠕变长期强度均增加，径向蠕变长期强度与轴向蠕变长期强度的比值减小。赵旭峰和孙钧[13]对厦门东通道海底隧道风化槽地段岩石进行三轴压缩蠕变试验，研究了岩石在不同围压和不同应力水平作用下轴向应变随时间的变化规律。试验表明，强风化花岗岩时效特性较全风化花岗岩更加明显；围压对岩石蠕变变形产生很大影响，围压越大，蠕变变形量越小。徐慧宁等[14]对北天山中西部的志留系上统紫红色粉砂质泥岩进行三轴蠕变试验研究。试验围压分别为 0MPa、5MPa、10MPa、20MPa、30MPa，研究了围压对岩石蠕变变形和强度的影响。结果表明，在同样的轴向应力条件下，围压越高，蠕变变形(包括纵向应变和横向应变)量和应变速率越小；围压越高，长期强度与各流变参数也越高。杜超等[15]通过对湖北云应的盐岩和泥岩、江苏金坛盐岩的单轴、三轴蠕变试验结果的分析，研究了围压等因素对盐岩蠕变特性的影响。发现盐岩无论在何种围压下，稳态蠕变率都随偏应力的增加而显著增大；围压起到限制变形的作用，而随着围压增高，围压对稳态蠕变率的影响越来越小。王宇等[16]对泥质粉砂岩进行不同应力水平下的恒轴压、分级卸围压室内流变试验。试验结果表明，软岩在卸荷条件下的轴向及侧向流变变形较大，各向异性显著。在恒定围压较高时，轴向流变变形较大，而随着围压逐级降低，侧向流变变形发展较轴向更快，试样在破裂围压下的侧向变形远大于轴向。马冲等[17]对三峡库区巴东组二段粉砂质泥岩进行不同围压和渗透压下的三轴蠕变实验。基于试验结果，在分析粉砂质泥岩的蠕变特性曲线基础上，探讨了围压和渗透压对岩体蠕变特性的影响过程和机理。

有关围压对软岩应力松弛特性影响方面，目前还未见此方面的研究报道。岩石的抗松弛性能对于工程的长期稳定和安全同样具有重要的影响。因此，开展围压对软岩应力松弛特性影响方面的研究工作，不仅可以进一步完善岩石流变力学理论，而且可以为软岩工程的长期稳定和安全运行提供科学的依据。

本章对典型软岩-饱水粉砂质泥岩分别进行 1MPa、5MPa 围压下的三轴压缩应力松弛试验。基于试验结果，分析了应力松弛稳定后两种围压下岩石的总应力松弛量、总应力松弛度、松弛稳定时间以及平均应力松弛速率的差异，分析了应力松弛过程中不同时刻两种围压下岩石应力松弛量、应力松弛度、应力松弛速率随时间的变化规律；分析两种围压下岩石应力松弛模型参数的差异，初步总结得出围压对粉砂质泥岩应力松弛特性的影响规律及其作用机理。研究成果可为今后进一步开展此方面的工作提供有益的参考依据。

7.1　试样制备与试验方法

选用饱水状态下的粉砂质泥岩试样，两种围压下的岩石试样如图 7.1 所示。

(a) $\sigma_3 = 1$MPa　　　　　　　(b) $\sigma_3 = 5$MPa

图 7.1　粉砂质泥岩试样

　　试验在三轴应力状态下进行，试验围压分别为 1MPa、5MPa，试验过程中保持围压恒定不变。应力松弛试验方法已在第 3 章介绍。

7.2　试 验 结 果

　　应力松弛试验中，对两种围压下的岩石试样均施加了 6 级应变水平，其中前 5 级应变水平相同，分别为 0.20%、0.40%、0.60%、0.80%、1.00%，最后一级应变水平不同，为 1.27%、1.35%，分别为 1MPa 和 5MPa 围压下岩石的轴向峰值应变，即此级应变水平下的试验为岩石在峰值荷载条件下的应力松弛[18]。两种围压下粉砂质泥岩的分级加载应力松弛试验曲线如图 7.2 所示。

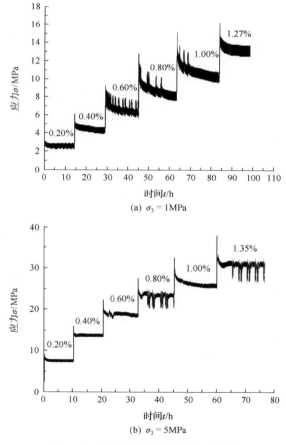

(a) $\sigma_3 = 1\text{MPa}$

(b) $\sigma_3 = 5\text{MPa}$

图 7.2　分级加载岩石应力松弛曲线

　　由于室内温度在±0.5℃范围内周期性波动变化，导致两种围压下试样的分级加载应力松弛试验曲线呈现周期性波动形态。依据温度的周期性变化情况，对图 7.2 中两种围压下试样的试验曲线进行平滑处理，转化为 22℃恒定温度下的曲线。然后采用 Boltzmann 叠加原理将分级加载应力松弛试验曲线转化为不同应变水平下的分别加载应力松弛曲线，如图 7.3 所示。

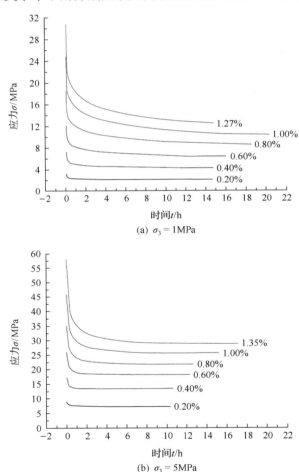

(a) $\sigma_3 = 1\text{MPa}$

(b) $\sigma_3 = 5\text{MPa}$

图 7.3　分别加载应力松弛曲线

7.3　不同围压下岩石应力松弛规律

7.3.1　应力松弛量、应力松弛度与松弛稳定时间

相同应变水平下，松弛稳定后 1MPa 与 5MPa 围压下试样的总应力松弛量、总应力松弛度以及松弛达到稳定的时间 3 个参数的比值如表 7.1 所示，这里将两种围压下的峰值应变作为同一级别的应变水平进行对比研究。

表 7.1　相同应变水平下两种试样应力松弛参数比值

应变水平/%	应力松弛参数比值		
	总应力松弛量	总应力松弛度	松弛稳定时间
0.20	0.75	2.06	3.39
0.40	0.79	1.86	3.27
0.60	0.73	1.57	2.80
0.80	0.74	1.42	2.48
1.00	0.72	1.32	1.97
峰值	0.63	1.20	1.02

从表 7.1 中可以看出，在 0.20%～1.00%各级应变水平下，松弛稳定后 1MPa 围压下岩石的总应力松弛量均小于 5MPa 围压下的相应值，是 5MPa 围压下岩石总应力松弛量的 72%～79%；1MPa 围压下岩石的总应力松弛度大于 5MPa 围压下的相应值，是 5MPa 围压下岩石总应力松弛度的 1.32～2.06 倍；1MPa 围压下岩石松弛稳定所需的时间大于 5MPa 围压下的相应值，是 5MPa 围压下岩石松弛稳定所需时间的 1.97～3.39 倍。由此可见，随围压的增加，松弛稳定后粉砂质泥岩的总应力松弛量增大，总应力松弛度降低，松弛达到稳定所需的时间减少，即随围压的增加，松弛稳定后岩石的应力松弛量值增大，但岩石的应力松弛衰减损失程度减小。

与前 5 级应变水平相比，峰值应变下松弛稳定后两种试样的总应力松弛量、总应力松弛度以及松弛达到稳定所需的时间 3 个参数的比值均降至最低，分别为 0.63、1.20、1.02。虽然峰值应变下松弛稳定后两种试样应力降低的量值差别最大，但岩石试样应力衰减损失的程度相差不大，松弛达到稳定所需的时间基本一致。

从表 7.1 中还可以看出，随应变水平的增加，两种围压下岩石总应力松

弛量、总应力松弛度以及松弛达到稳定所需时间的比值均呈降低趋势，表明应变水平越高，围压对粉砂质泥岩总应力松弛量、总应力松弛度以及松弛达到稳定所需时间的影响作用越强。

相同应变水平下不同时刻两种试样的应力松弛量如表7.2所示。从表7.2中可以看出，相同应变水平下不同时刻1MPa围压试样的应力松弛量均小于5MPa围压下试样的应力松弛量，是5MPa围压下试样应力松弛量的53%～75%。在应力松弛的初期0.2h，两种围压下试样的应力松弛量比值为53%～72%，之后随时间的增加，两种围压下试样应力松弛量的比值呈增加趋势，在6.0h处，两种围压下试样应力松弛量的比值达59%～75%。由此可见，随时间的延长，相同时刻1MPa围压下试样应力松弛量值的增幅大于5MPa围压下试样的增幅，即随时间的延长，围压对粉砂质泥岩应力松弛量的影响作用减弱。

表 7.2　相同应变水平下各时刻两种试样的应力松弛量

| 应变水平/% | 应力松弛量/MPa | | | | | | | | | | | | | | |
| | 0.2h | | | 0.4h | | | 2.0h | | | 4.0h | | | 6.0h | | |
	$\sigma_3=$ 1MPa	$\sigma_3=$ 5MPa	比值	$\sigma_3=$ 1MPa	$\sigma_3=$ 5MPa	比值	$\sigma_3=$ 1MPa	$\sigma_3=$ 5MPa	比值	$\sigma_3=$ 1MPa	$\sigma_3=$ 5MPa	比值	$\sigma_3=$ 1MPa	$\sigma_3=$ 5MPa	比值
0.20	0.78	1.09	0.72	0.85	1.13	0.75	1.04	1.47	0.71	1.12	1.49	0.75	1.12	1.50	0.75
0.40	1.83	2.88	0.64	2.07	3.28	0.63	2.54	3.74	0.68	2.72	3.79	0.72	2.81	3.82	0.74
0.60	3.01	5.64	0.53	3.47	6.28	0.55	4.51	7.52	0.60	5.00	7.72	0.65	5.26	7.78	0.68
0.80	4.99	8.65	0.58	5.66	9.78	0.58	7.47	12.26	0.61	8.29	12.93	0.64	8.76	13.22	0.66
1.00	6.94	12.63	0.55	7.92	14.33	0.55	10.57	17.90	0.59	11.84	19.12	0.62	12.55	19.73	0.64
峰值	9.64	18.35	0.53	10.90	20.59	0.53	14.21	25.68	0.55	15.79	27.47	0.57	16.65	28.36	0.59

相同应变水平下不同时刻两种试样的应力松弛度如表7.3所示。从表7.3中可以看出，相同应变水平下不同时刻1MPa围压试样的应力松弛度均大于5MPa围压下试样的应力松弛度，是5MPa围压下试样应力松弛度的1.00～2.19倍。在应力松弛的初期0.2h，两种围压下试样的应力松弛度比值为1.00～1.85，之后随时间的延长，两种围压下试样应力松弛度的比值呈增加趋势，在6.0h处，两种围压下试样应力松弛度的比值达1.13～2.19。由此可见，随时间的延长，相同时刻1MPa围压下试样应力松弛度的增幅大于5MPa围压下试样的增幅，即随时间的延长，围压对粉砂质泥岩应力松弛度的影响作用减弱。

表 7.3　相同应变水平下各时刻两种试样的应力松弛度

应变水平/%	应力松弛度														
	0.2h			0.4h			2.0h			4.0h			6.0h		
	$\sigma_3=$1MPa	$\sigma_3=$5MPa	比值	$\sigma_3=$1MPa	$\sigma_3=$5MPa	比值	$\sigma_3=$1MPa	$\sigma_3=$5MPa	比值	$\sigma_3=$1MPa	$\sigma_3=$5MPa	比值	$\sigma_3=$1MPa	$\sigma_3=$5MPa	比值
0.20	0.24	0.13	1.85	0.26	0.14	1.86	0.32	0.16	2.00	0.35	0.17	2.06	0.35	0.16	2.19
0.40	0.25	0.17	1.47	0.28	0.18	1.56	0.35	0.22	1.59	0.37	0.22	1.68	0.39	0.22	1.77
0.60	0.25	0.22	1.14	0.29	0.24	1.21	0.37	0.29	1.28	0.41	0.30	1.37	0.43	0.30	1.43
0.80	0.27	0.25	1.08	0.30	0.27	1.11	0.40	0.35	1.14	0.45	0.37	1.22	0.47	0.38	1.24
1.00	0.28	0.27	1.04	0.32	0.30	1.07	0.43	0.39	1.10	0.48	0.42	1.14	0.51	0.43	1.19
峰值	0.31	0.31	1.00	0.35	0.34	1.03	0.46	0.44	1.05	0.51	0.47	1.09	0.54	0.48	1.13

7.3.2　应力松弛速率

相同应变水平下两种试样的平均应力松弛速率如表 7.4 所示。

表 7.4　相同应变水平下两种试样的平均应力松弛速率

应变水平/%	平均应力松弛速率/(MPa/h)		
	σ_3=1MPa	σ_3=5MPa	比值
0.20	0.21	0.96	0.22
0.40	0.24	0.98	0.24
0.60	0.38	1.47	0.26
0.80	0.57	1.89	0.30
1.00	0.76	2.07	0.37
峰值	1.64	2.65	0.62

从表 7.4 中可以看出,相同应变水平下 1MPa 围压试样的平均应力松弛速率均小于 5MPa 围压下的相应值。0.20%～1.00%应变水平下,1MPa 围压下试样的平均应力松弛速率是 5MPa 围压下的 22%～37%;峰值应变下,1MPa 围压下试样的平均应力松弛速率是 5MPa 围压下的 62%,比值发生较大增幅。由此可见,随围压的增加,粉砂质泥岩的平均应力松弛速率增大。

从表 7.4 中还可以看出,随应变水平的增加,两种围压下试样的平均应力松弛速率比值呈增加趋势,表明应变水平越高,围压对粉砂质泥岩平均应力松弛速率的影响作用越弱。

计算图 7.3 中应力松弛曲线各时刻的斜率,可以得到相同应变水平不同时刻两种围压下试样的应力松弛速率，如表 7.5 所示。限于篇幅，这里仅显示应力松弛速率急剧变化 0.6h 内的数据。

表 7.5　相同应变水平下不同时刻两种试样的应力松弛速率

应变水平/%	应力松弛速率/(MPa/h)														
	0h			0.10h			0.20h			0.40h			0.60h		
	$\sigma_3=1$ MPa	$\sigma_3=5$ MPa	比值	$\sigma_3=1$ MPa	$\sigma_3=5$ MPa	比值	$\sigma_3=1$ MPa	$\sigma_3=5$ MPa	比值	$\sigma_3=1$ MPa	$\sigma_3=5$ MPa	比值	$\sigma_3=1$ MPa	$\sigma_3=5$ MPa	比值
0.20	7.05	11.86	0.59	3.88	6.36	0.61	0.58	0.91	0.64	0.35	0.51	0.69	0.29	0.40	0.73
0.40	15.35	27.06	0.57	9.17	15.39	0.60	2.19	3.60	0.61	0.85	1.36	0.63	0.54	0.77	0.70
0.60	24.73	48.76	0.51	15.07	28.19	0.53	4.04	6.73	0.60	1.65	2.68	0.62	1.17	1.69	0.69
0.80	42.45	74.67	0.57	24.97	43.27	0.58	5.66	9.77	0.58	2.48	4.07	0.61	1.87	2.80	0.67
1.00	59.47	107.61	0.55	34.71	63.15	0.55	7.78	13.11	0.59	3.71	6.00	0.62	2.69	4.01	0.67
峰值	79.76	160.32	0.50	48.20	91.73	0.53	12.02	21.85	0.55	4.62	8.08	0.57	3.38	5.38	0.63

从表 7.5 中可以看出，相同应变水平下同一时刻 1MPa 围压试样的应力松弛速率均小于 5MPa 围压下试样的应力松弛速率，是 5MPa 围压下试样应力松弛速率的 50%～73%。在应力松弛的瞬间，两种围压下试样的初始应力松弛速率相差较小，比值为 50%～59%；之后随时间的延长，两种围压下试样的应力松弛速率比值总体呈增加趋势，在 0.6h 处，两种围压下试样的应力松弛速率比值达 63%～73%。由此可见，相同应变水平下 1MPa 围压试样应力松弛速率的降低程度小于 5MPa 围压下试样的降低程度。因此，随时间的延长，围压对粉砂质泥岩应力松弛速率衰减的影响作用减弱。

综上所述，相同应变水平 1MPa 围压下试样的平均应力松弛速率以及相同时刻的应力松弛速率均小于 5MPa 围压下试样的相应值，即随围压的增加，粉砂质泥岩的平均应力松弛速率增加，相同时刻岩石的应力松弛速率增大。因此，5MPa 围压下岩石的应力松弛速率大，松弛达到稳定阶段所需的时间也相应比 1MPa 围压下试样所需的时间短，这也从另一方面证明了 7.3.1 节介绍的粉砂质泥岩应力松弛稳定所需时间的正确性。

7.4　岩石非线性应力松弛损伤模型

依据两种围压下试样应力-应变等时曲线，可以求出不同时刻曲线近似线性段岩石的弹性模量[13]，得到应力松弛过程中两种试样弹性模量随时间的变化曲线，如图 7.4 所示。

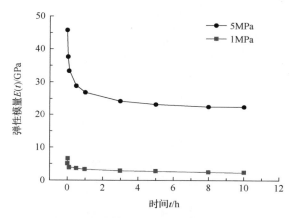

图 7.4　两种围压下试样弹性模量随时间的变化曲线

从图 7.4 中可以看出，应力松弛过程中两种围压下试样的弹性模量并非恒定不变，而是随时间的延长不断衰减降低，逐渐趋于稳定值。因此，有必要考虑岩石流变参数的损伤劣化效应。采用第 6 章介绍的 H-K 应力松弛损伤模型，描述两种围压下岩石的时效力学特性。

7.4.1　模型参数辨识

采用 Levenberg-Marquardt(LM)算法对图 7.3 中的试验曲线进行非线性拟合，辨识得出两种围压下试样的 H-K 应力松弛损伤模型参数，分别如表 7.6、表 7.7 所示。

表 7.6　试样 H-K 应力松弛损伤模型参数 $(\sigma_3=1\text{MPa})$

应变水平/%	G_1/MPa	G_2/MPa	H_1/(MPa·h)	α	H-K 损伤模型 R^2	H-K 模型 R^2
0.20	800.7690	1950.4000	319.0087	0.01293	0.92033	0.90304
0.40	900.9815	1994.0135	396.1591	0.02417	0.96713	0.86064

应变水平/%	G_1/MPa	G_2/MPa	H_1/(MPa·h)	α	H-K损伤模型 R^2	H-K 模型 R^2
0.60	989.3080	2117.6725	568.0840	0.03809	0.96365	0.88788
0.80	1135.7220	2247.0159	535.0266	0.05460	0.96938	0.89517
1.00	1213.9886	2255.0367	547.9269	0.06752	0.97167	0.90692
1.27	1394.2461	2906.4330	641.3333	0.07389	0.97189	0.87776

表 7.7　试样 H-K 应力松弛损伤模型参数(σ_3=5MPa)

应变水平/%	G_1/MPa	G_2/MPa	H_1/(MPa·h)	α	H-K损伤模型 R^2	H-K 模型 R^2
0.20	2188.2393	11819.1016	3494.3357	0.0031	0.98933	0.94688
0.40	2198.4539	9179.8719	2686.1100	0.0054	0.98045	0.91041
0.60	2161.3131	8283.0978	2349.0157	0.0096	0.99035	0.93690
0.80	2176.5213	7036.8922	2051.5749	0.0161	0.98549	0.92076
1.00	2263.5484	6173.2165	1935.5527	0.0184	0.98496	0.91261
1.35	2292.9332	5897.8860	1774.5405	0.0236	0.98476	0.90550

对比表 7.6、表 7.7 中 H-K 损伤模型与 H-K 模型的拟合相关系数 R^2，可以看出 H-K 应力松弛损伤模型的拟合精度有较大幅度的提高，模型拟合值与试验值的吻合程度更好。因此，采用 H-K 应力松弛损伤模型可以更准确地描述两种围压下粉砂质泥岩的应力松弛特性。

7.4.2　模型参数对比

从表 7.6、表 7.7 中可以看出，与线弹性材料不同，不同应变水平下模型参数值大小并不相同，具有一定的变化规律。1MPa 围压下试样的模型参数 G_1、G_2、H_1 均随应变水平的增加而增大；5MPa 围压下试样的模型参数 G_1 随应变水平的增加而增大，而 G_2、H_1 随应变水平的增加而减小。两种围压状态下 H-K 应力松弛损伤模型参数 G_1 随应变水平的变化趋势相同，而 G_2、H_1 随应变水平的变化趋势不同。

相同应变水平下，5MPa 围压与 1MPa 围压下试样的 H-K 应力松弛损伤模型参数 G_1、G_2、H_1 的比值如表 7.8 所示。

表 7.8　相同应变水平下两种试样 H-K 应力松弛损伤模型参数比值

应变水平/%	模型参数比值		
	G_1	G_2	H_1
0.20	2.73	6.06	10.95
0.40	2.44	4.60	6.78
0.60	2.18	3.91	4.13
0.80	1.92	3.13	3.83
1.00	1.86	2.74	3.53
峰值	1.64	2.03	2.77

从表 7.8 中可以看出，相同应变水平 5MPa 围压下试样的模型参数值均大于 1MPa 围压下试样的相应参数值，5MPa 围压下试样 G_1 模型参数值是 1MPa 围压下试样的 1.64～2.73 倍，G_2 模型参数值是 1MPa 围压下试样的 2.03～6.06 倍，H_1 模型参数值是 1MPa 围压下试样的 2.77～10.95 倍。两种围压下试样的 H-K 应力松弛损伤模型参数值中，H_1、G_2 相差较大，G_1 相差较小，表明围压对 H-K 应力松弛损伤模型参数中的 H_1、G_2 影响较大，而对 G_1 影响较小。换言之，粉砂质泥岩应力松弛过程中，围压对岩石的黏性、黏弹性力学特性影响作用较大，而对岩石的瞬时弹性力学特性影响作用相对较小。

从表 7.8 中还可以看出，不同应变水平下两种试样的 G_1 模型参数比值变化幅度相对较小。G_1 是表征岩石瞬时弹性力学特性的参数，排除试样间离散性、试验条件等方面的影响，不同应变水平下两种试样的 G_1 模型参数比值应是恒定的，而本章得出的不同应变水平下两种试样的 G_1 模型参数比值变化幅度较小，这一方面证明了辨识得出的模型参数的正确性，另一方面也表明围压对岩石瞬时弹性力学特性的影响作用与所施加的应变水平关系较小。随应变水平的增加，G_2、H_1 模型参数比值呈降低趋势。从以上分析可以看出，粉砂质泥岩应力松弛过程中，随应变水平的增加，围压对岩石瞬时弹性力学特性的影响作用基本不变，对岩石黏弹性、黏性力学特性的影响作用减弱。

7.4.3　损伤变量变化规律

图 7.5 所示为各级应变水平下两种试样的损伤变量 D_t 随时间的变化曲线。

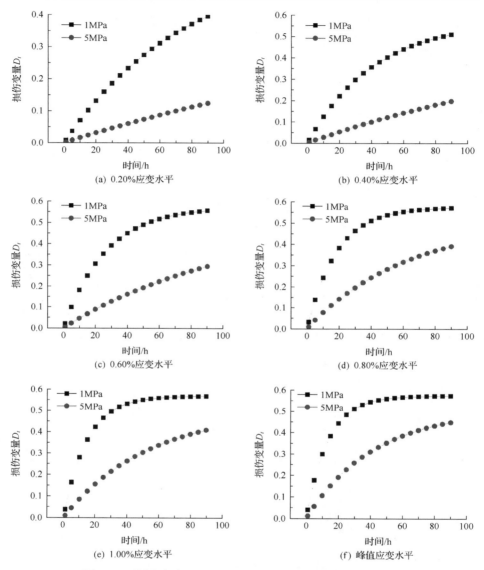

图 7.5　不同应变水平下两种试样损伤变量随时间的变化曲线

　　从图 7.5 中可以看出，随时间的延长，各级应变水平下两种试样的损伤变量值均逐渐增大，在较低应变水平下，5MPa 围压下试样的损伤变量随时间呈线性变化趋势，在较高应变水平下，5MPa 围压下试样的损伤变量随时间呈非线性变化趋势，且应变水平越高，非线性变化趋势越明显；而各级应变水平下 1MPa 围压试样的损伤变量随时间均呈非线性变化趋势，随应变水平的增大逐渐趋于某一恒定值。由此可见，随时间延长和应变水平的增加，岩石的损伤变量值增大，岩石的应力松弛损伤程度增大。

从图 7.5 中还可以看出，相同应变水平下，同一时刻 1MPa 围压下试样的损伤变量值始终大于 5MPa 围压下试样的损伤变量值，表明应力松弛过程中，随围压的增加岩石的损伤变量值减小，岩石的损伤程度降低，增大围压可以减小岩石的应力松弛损伤劣化程度。

7.5　围压对软岩应力松弛特性的影响机制

由于岩石受力变形机理的复杂性，全面系统地揭示围压对粉砂质泥岩应力松弛特性的影响作用机理是十分困难的，因此这里仅做粗浅的定性分析。

粉砂质泥岩作为漫长地质作用的产物，岩石内部含有大量的矿物解理、微裂隙等缺陷。应力松弛过程中，岩石的轴向应变保持不变，弹性应变随时间延长逐渐转化为黏弹、黏塑性应变，在这一过程中，粉砂质泥岩内部先存的矿物解理、微裂隙等缺陷不断扩展，同时新的裂隙也不断产生、扩展，岩石内部的应力得以转移和释放，应力不断降低。当围压增大时，微裂隙面之间的摩擦力也随之增大，达到相同的轴向应变值时，围压越高，岩石试样的轴向偏应力也越大。在较高的轴向偏应力作用下，试样内部的微裂隙密度增大，通过微裂隙的产生和扩展释放的应力越大，导致试样的应力松弛量也越大。因此，相同轴向应变水平下，随围压的增加，粉砂质泥岩的应力松弛量增大。围压的增加有助于岩石内部微裂隙的闭合。围压越高，岩石试样内部微裂隙产生、扩展直至闭合稳定的速度也越快。因此，相同轴向应变水平下，随围压的增加，粉砂质泥岩的应力松弛速率增大，松弛达到稳定阶段所需的时间减少。虽然相同应变水平下围压越高，岩石的应力松弛量越大，但由于围压增加岩石的应力松弛速率加大，松弛达到稳定阶段所需的时间减少，导致岩石内部微裂隙的破裂损伤程度低，通过微裂隙的产生、扩展所导致的岩石试样应力损失程度低。因此，随围压的增加，粉砂质泥岩的应力松弛度降低。

峰值应变下，试样内部的微裂隙经过扩展连接后，与大主应力呈一定角度的宏观裂纹已经形成。围压的增加，可以有效地使宏观裂隙面间的摩擦力增大，导致峰值应变下两种试样的轴向应力值差别最大，宏观裂纹贯通后导致的岩石应力损失量值也达到最大值。因此，峰值应变下两种试样的应力松弛量差别最大。而峰值应变下，岩石的应力松弛程度以及松弛达到稳定阶段所需的时间不再仅取决于试样内部微裂隙的密度、扩展速度等因素，而主要取决于宏观裂纹的扩展程度及其贯通速度，而围压对宏观裂纹的扩展程度和贯通速度影响作用有限，因此，峰值应变下，两种围压下粉砂质泥岩的应力松弛度接近，松弛达到稳定阶段所需的时间基本一致。

7.6　本　章　小　结

在 1MPa、5MPa 围压条件下，分别对饱水粉砂质泥岩进行室内三轴压缩应力松弛试验。依据试验结果，分析了松弛稳定后围压对岩石总应力松弛量、总应力松弛度、松弛稳定时间、平均应力松弛速率的影响作用；分析了松弛过程中随时间的延长围压对岩石应力松弛量、应力松弛度、应力松弛速率影响作用的变化趋势。应用 Levenberg-Marquardt 算法，辨识得出两种围压下岩石的应力松弛损伤模型参数。基于辨识结果，研究了围压对岩石非线性应力松弛损伤模型参数的影响作用。在试验研究成果的基础上，分析了围压对粉砂质泥岩应力松弛特性的影响机理。

随围压的增加，松弛稳定后粉砂质泥岩的总应力松弛量增大，总应力松弛度降低，松弛达到稳定所需的时间减少。应变水平越高，围压对粉砂质泥岩总应力松弛量、总应力松弛度以及松弛达到稳定所需时间的影响作用越强；随时间的延长，围压对粉砂质泥岩应力松弛量、应力松弛度的影响作用减弱。随围压的增加，粉砂质泥岩的平均应力松弛速率增加，相同时刻岩石的应力松弛速率增大；应变水平越高，围压对粉砂质泥岩平均应力松弛速率的影响作用越弱；随时间的延长，围压对粉砂质泥岩应力松弛速率衰减的影响作用减弱。围压对 H-K 应力松弛损伤模型参数中的 H_1、G_2 影响较大，而对 G_1 影响较小。换言之，粉砂质泥岩应力松弛过程中，围压对岩石的黏性、黏弹性力学特性影响作用较大，而对岩石的瞬时弹性力学特性影响作用相对较小。粉砂质泥岩应力松弛过程中，随应变水平的增加，围压对岩石瞬时弹性力学特性的影响作用基本不变，对岩石黏弹性、黏性力学特性的影响作用减弱。随时间延长和应变水平的增加，岩石的损伤变量值增加，岩石的应力松弛损伤程度增大；随围压的增加，岩石的损伤变量值减小，岩石的损伤程度降低。因此，增大围压可以减小岩石的应力松弛损伤劣化程度。工程实践中，可及时采取增大岩石(体)围压的方式，如隧道开挖后尽快采用支护等手段降低围岩的变形、缩短松弛稳定时间、减小围岩的松弛损伤程度，降低应力松弛对工程长期稳定和安全带来的不利影响。

参 考 文 献

[1] 何满潮, 景海河, 孙晓明. 软岩工程力学. 北京:科学出版社, 2002: 14-27.

[2] 谌文武, 原鹏博, 刘小伟. 分级加载条件下红层软岩蠕变特性试验研究. 岩石力学与工程学报, 2009, 28(S1): 3076-3081.

[3] 陈卫忠, 谭贤君, 吕森鹏, 等. 深部软岩大型三轴压缩流变试验及本构模型研究. 岩石力学与工程学报 2009, 28(9): 1735-1744.

[4] 李栋伟, 汪仁和, 范菊红. 软岩试件非线性蠕变特征及参数反演. 煤炭学报, 2011, 36(3): 388-392.

[5] 孟庆彬, 韩立军, 乔卫国, 等. 深部高应力软岩巷道围岩流变数值模拟研究. 采矿与安全工程学报, 2012, 29(6): 762-769.

[6] 李海洲, 杨天鸿, 夏冬, 等. 基于软岩流变特性的边坡动态稳定性分析. 东北大学学报(自然科学版), 2013, 34(2): 293-296.

[7] 张玉, 徐卫亚, 王伟, 等. 破碎带软岩流变力学试验与参数辨识研究. 岩石力学与工程学报, 2014, 33(S2): 3412-3420.

[8] 王宇, 李建林, 左亚. 坝基软岩流变试验研究及其长期稳定性分析. 水利水电技术, 2015, 46(12):114-117.

[9] 熊诗湖, 周火明, 黄书岭, 等. 构皮滩软岩流变模型原位载荷蠕变试验研究. 岩土工程学报, 2016, 38(1): 53-57.

[10] 万玲, 彭向和, 杨春和, 等. 泥岩蠕变行为的实验研究及其描述. 岩土力学, 2005, 26(6):924-928.

[11] 范庆忠, 李术才, 高延法. 软岩三轴蠕变特性的试验研究. 岩石力学与工程学报, 2007, 26(7): 1381-1385.

[12] 陈文玲, 赵法锁. 云母石英片岩的三轴蠕变试验研究. 工程地质学报, 2007, 15(4): 545-548.

[13] 赵旭峰, 孙钧. 海底隧道风化花岗岩流变试验研究. 岩土力学, 2010, 31(2):403-406.

[14] 徐慧宁, 庞希斌, 徐进, 等. 粉砂质泥岩的三轴蠕变试验研究. 四川大学学报(工程科学版), 2012, 44(1):69-74.

[15] 杜超, 杨春和, 马洪岭, 等. 深部盐岩蠕变特性研究. 岩土力学, 2012, 33(8): 2451-2457.

[16] 王宇, 李建林, 邓华锋, 等. 软岩三轴卸荷流变力学特性及本构模型研究. 岩土力学, 2012, 33(11): 3338-3344.

[17] 马冲, 胡斌, 詹红兵, 等. 渗透压与围压对粉砂质泥岩流变特性影响研究. 长江科学院院报, 2016, 33: 1-7.

[18] 唐礼忠, 潘长良. 岩石在峰值荷载变形条件下的松弛试验研究. 岩土力学, 2003, 24(6): 940-942.

第8章　岩石峰前、峰后应力松弛特性

　　破裂岩石是水利、采矿、交通、能源和国防等行业中一种常见的工程介质。随着地下工程埋深越来越大，工程建设中岩石大多处于破裂状态，破裂岩石的力学行为一直以来都是研究人员所关注的重点课题。破裂岩石具有显著的流变特性，破裂岩石的时效力学特征是工程设计、施工以及长期运营过程中需要首先考虑的关键因素之一。因此，分析破裂(峰后)岩石的流变力学特性，研究破裂前、后(峰前、峰后)岩石流变力学特性的变化规律，对于岩石工程的长期稳定性研究具有重要的意义。

　　目前，研究人员主要针对岩石应力-应变曲线峰值之前的蠕变力学特性进行相关的研究[1~20]。近年来，破裂(峰后)岩石蠕变力学特性研究的重要性也逐渐被人们所认识，并开展了相关的研究工作[21~24]。Peng[21]进行了峰后大理岩和砂岩的蠕变试验，试验表明常荷载作用下破裂岩石稳定的时间非常短，不足 10min 两种试样都发生了完全破坏。Глушко 和 Виноградов[22]进行了不同岩样峰后应变软化段的蠕变试验，依据岩石 S_h/S_c(长期强度/峰值抗压强度)确定荷载水平，当载荷超过 $0.6S_c$ 时，几分钟至 1 小时内岩样发生了蠕变破坏。Bieniawski[23]对破裂岩石开展了三轴蠕变试验，研究结果表明岩石发生蠕变破坏的时间与围压呈指数关系。郭臣业等[24]采用 MTS815 岩石力学试验系统，对永川煤矿砂岩进行了峰后三轴压缩蠕变试验，破裂砂岩蠕变失稳过程与煤岩一般的蠕变规律相似，破裂砂岩也存在长期强度。随着研究的进一步深入，也有学者对峰前、峰后岩石的蠕变力学特性进行了初步的对比研究。刘传孝等[25]采用分级加/卸载方法对深井泥岩进行峰前、峰后单轴短时蠕变试验，深井泥岩的峰后蠕变破坏强度为峰前常规蠕变破坏强度的 95.72%，但维持时间短，峰后泥岩的横向蠕变特征比轴向蠕变特征更为显著。

　　与岩石蠕变试验相比，应力松弛试验难度大，目前研究人员在此方面的成果还相对较少，且主要集中在峰前[26~32]、峰值[33]条件下岩石的应力松弛特性研究。唐礼忠和潘长良[33]进行了峰值荷载变形条件下岩石的应力松弛试验，岩石的应力松弛曲线呈阶梯式下降特征，表明在峰值荷载变形条件下岩石的应力松弛是间断的、阵发式的。目前，峰后岩石应力松弛特性的研究成果还非常少，李晓等[34]采用 MTS815 试验机对砂岩进行了峰后三轴压缩应力松弛试验，研究结果表明破裂岩石具有明显的应力松弛特性，应力松弛量与对应的峰后应力-应变曲线的负斜率成正比。从以上分析可以看出，峰后岩石的应力松弛特性还有待于进一步研究。同时，已有的研究成果还没有将峰前、峰后岩石的应力松弛特性进行对比研究，分析岩石应力松弛特性的变化规律。因此，有必要对峰前、峰后岩石的应力松弛特性进行深入研究。

本章采用分级加载方法对粉砂质泥岩进行了峰前、峰后三轴压缩应力松弛试验。依据试验结果，划分了峰前、峰后岩石的应力松弛阶段，分析了峰前弹性段、屈服段，峰后应变软化段、残余强度段岩石应力松弛量、应力松弛度、松弛稳定时间、应力松弛速率的差异，建立了岩石的非线性应力松弛损伤模型，研究了峰前、峰后不同阶段岩石应力松弛模型参数的差异。在此基础上，总结得出峰前、峰后岩石不同的应力松弛机制。

8.1　试样制备与试验方法

试验岩样为粉砂质泥岩，试验前后粉砂质泥岩试样如图 8.1 所示。天然状态下试样密度 2.18g/cm^3，含水量 1.54%，单轴抗压强度 28.46MPa，弹性模量 5.53GPa，泊松比 0.25。

(a) 试验前　　　　　　　　　　(b) 试验后

图 8.1　典型岩石试样

试验仪器采用 RLJW-2000 岩石流变伺服仪。试验围压为 4MPa，试验过程中保持围压恒定不变。采用分级加载试验方法进行岩石应力松弛试验。

8.2　试　验　结　果

　　此次试验完成了两组峰前、峰后岩石应力松弛试验，选取其中有代表性的一组试验结果进行分析。应力松弛试验中岩石的应力-应变曲线如图 8.2 所示。图中岩石的应力-应变曲线形态总体与常规三轴压缩试验中岩石的应力-应变曲线形态相似，不同的是与应力轴近乎平行的部分为岩石的应力松弛曲线，应力松弛曲线右侧为松弛稳定后重新加载段曲线。从图中可以看出，经过应力松弛后，重新加载段曲线不再继续沿原路径上升，而是以与应力松弛曲线有一定偏离的方式上升，这种偏离现象在应力-应变曲线的 BC 段、CD 段更为明显。

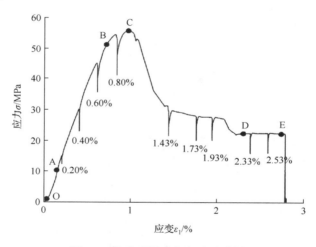

图 8.2　粉砂质泥岩应力-应变曲线

　　图 8.2 中 O 点为初始点，C 点为应力-应变曲线峰值点，以 C 点为界，可以将应力-应变曲线分为峰前和峰后两个区域。与常规应力-应变曲线阶段划分一致，将峰前 AB 段称为弹性段，BC 段称为屈服段，CD 段称为应变软化段，DE 段称为残余强度段。

　　该试验共施加了 9 级轴向应变水平，其中 0.20%、0.40%、0.60%应变水平为峰前弹性段的应力松弛，0.80%应变水平为峰前屈服段的应力松弛，1.43%、1.73%、1.93%应变水平为峰后应变软化段的应力松弛，2.33%、2.53%应变水平为峰后残余强度段的应力松弛。图 8.3 所示为分级加载下岩石的峰前、峰后应力松弛曲线。

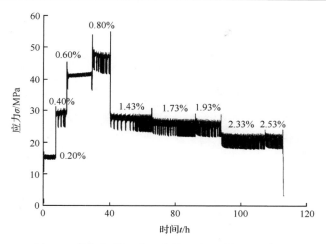

图 8.3 分级加载下岩石峰前、峰后应力松弛曲线

由于试验过程中室温在±0.5℃范围内周期性变化，导致图 8.3 中曲线的波动变化形态。对图 8.3 中的试验曲线进行平滑处理，然后采用平移法将图 8.3 中的曲线转化为分别加载应力松弛曲线，如图 8.4 所示。2.33%与 2.53% 应变水平下岩石松弛稳定后剩余应力基本相同，因此导致图 8.4(b)中两种应变水平下应力松弛曲线一部分重合。

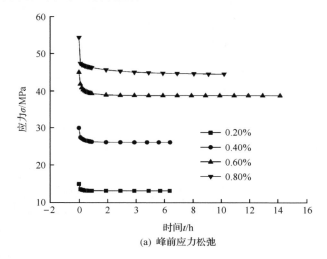

(a) 峰前应力松弛

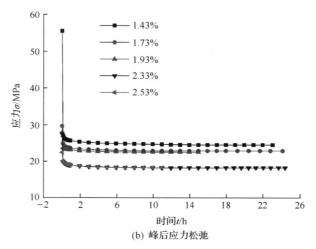

(b) 峰后应力松弛

图 8.4　分别加载下岩石峰前、峰后应力松弛曲线

8.3　峰前、峰后岩石应力松弛规律

8.3.1　应力松弛阶段

从图 8.3、图 8.4 中可以看出，与峰前相似，峰后岩石也有明显的应力松弛现象。峰前、峰后各级应变水平下试样的应力松弛曲线明显分为两个不同的阶段，即快速松弛阶段、减速松弛阶段。快速松弛阶段，保持应变恒定后的较短时间内，应力迅速降低；减速松弛阶段，随时间的延长，应力松弛速率逐渐变慢，应力趋近一个稳定值。与峰前相比，峰后岩石的快速松弛阶段更明显，即岩石的瞬时应力降低特征显著，但峰后岩石的减速松弛阶段特征相对不明显。

从图 8.3 中还可以看出，试样在峰后残余强度段 2.53% 应变水平下松弛稳定后，对试样施加 2.73% 应变水平，试样经过快速松弛、减速松弛，在 0.1h 后发生加速松弛破坏，应力在短时间内迅速降至 0.26MPa。这是一种新的岩石应力松弛阶段以及流变破坏形式[35]，并非所有的应力松弛试验中岩石都会发生加速松弛破坏现象，如第 4 章介绍的，饱水粉砂质泥岩在试验中并未出现加速松弛破坏现象。限于本章的研究范畴，这里暂不对岩石的加速松弛特性及其模型进行分析。

8.3.2　应力松弛量、应力松弛度与松弛稳定时间

峰前、峰后试样松弛稳定后的应力松弛量、应力松弛度以及松弛稳定时间如表 8.1 所示。其中第 2～9 级与第 1 级应变水平试样松弛稳定时间的比值位于表 8.1 中的最后一列。

表 8.1　峰前、峰后试样的应力松弛量、应力松弛度与松弛稳定时间

应力-应变阶段		应变水平 $\varepsilon/\%$	初始应力 σ_0/MPa	剩余应力 σ_t/MPa	应力松弛量 σ'/MPa	应力松弛度 λ	松弛稳定时间 t/h	时间比值
峰前	弹性段	0.20	14.93	13.10	1.83	0.12	1.12	1.00
		0.40	30.01	26.14	3.87	0.13	2.19	1.96
		0.60	45.03	38.77	6.26	0.14	3.63	3.24
	屈服段	0.80	54.34	44.57	9.77	0.18	8.17	7.29
峰后	应变软化段	1.43	55.48	24.56	30.92	0.56	13.92	12.43
		1.73	29.65	22.90	6.75	0.23	9.37	8.37
		1.93	27.83	22.60	5.23	0.19	8.49	7.58
	残余强度段	2.33	27.56	18.31	9.25	0.34	5.04	4.50
		2.53	22.46	18.30	4.16	0.19	4.97	4.44

从表 8.1 中可以看出，峰前试样的应力松弛量和应力松弛度随应变水平的增加而增大，而峰后试样的应力松弛量和应力松弛度总体随应变水平的增加而减小。需要指出的是，2.33%应变水平试样的应力松弛量和应力松弛度增大，与峰后两个量的整体变化趋势不符，这是因为该级应变水平下试样在快速松弛阶段再次发生局部破裂，导致应力突降，从而使此级应变水平下试样的应力松弛量、应力松弛度增大，而在残余强度段试样的局部破裂也是岩石最终发生整体加速松弛破坏的一种前兆，同时也说明残余强度段岩石的应力松弛规律性相对较差。

从表 8.1 中还可以看出，峰后各级应变水平试样的应力松弛度均大于峰前试样的应力松弛度，表明峰后岩石应力衰减损失的程度较峰前大。峰前、峰后各阶段中，峰后应变软化段 1.43%应变水平试样的应力松弛量与应力松弛度最大。

如表 8.1 所示，峰前试样的松弛稳定时间随应变水平的增加而增大，而峰后试样的松弛稳定时间随应变水平的增加而减少。峰后应变软化段试样松

弛稳定所需的时间最长，1.43%、1.73%与 1.93%三种应变水平试样的松弛稳定时间分别是 0.20%应变水平松弛稳定时间的 12.43 倍、8.37 倍与 7.58 倍，峰前屈服段、峰后残余强度段与峰前弹性段试样松弛稳定所需的时间依次减少。

8.3.3　应力松弛速率

峰前、峰后不同时刻试样的应力松弛速率如表 8.2 所示。限于篇幅，这里仅列出应力松弛速率急剧变化阶段 0.4h 内的数据。同时，各应变水平 0.1h、0.2h、0.3h、0.4h 四个时刻试样的应力松弛速率与该级应变水平 0h 时刻试样的初始应力松弛速率的比值也列于表 8.2 中。

表 8.2　峰前、峰后不同时刻试样的应力松弛速率

应力-应变阶段		应变水平 ε/%	应力松弛速率/(MPa/h)								
			0h	0.1h		0.2h		0.3h		0.4h	
			速率	速率	比值	速率	比值	速率	比值	速率	比值
峰前	弹性段	0.20	14.05	7.94	0.57	1.39	0.10	0.76	0.05	0.38	0.03
		0.40	25.49	14.35	0.56	2.80	0.11	2.11	0.08	1.46	0.06
		0.60	31.93	20.96	0.66	7.49	0.23	4.12	0.13	2.77	0.09
	屈服段	0.80	69.63	36.17	0.52	2.25	0.03	1.57	0.02	1.36	0.02
峰后	应变软化段	1.43	284.60	145.02	0.51	4.32	0.02	2.28	0.01	1.68	0.01
		1.73	49.06	26.86	0.55	3.52	0.07	1.96	0.04	1.33	0.03
		1.93	41.25	21.64	0.52	1.69	0.04	0.97	0.02	0.57	0.01
	残余强度段	2.33	56.61	29.50	0.52	2.06	0.04	1.56	0.03	1.16	0.02
		2.53	23.60	14.35	0.61	3.44	0.15	1.49	0.06	0.96	0.04

从表 8.2 中可以看出，与初始时刻相比，各级应变水平下 0.1h 试样的应力松弛速率为初始应力松弛速率的 51%～66%，而在 0.2h 试样的应力松弛速率仅为初始应力松弛速率的 2%～23%，应力松弛速率损失达 77%～98%。因此，粉砂质泥岩应力松弛过程中，0.2h 为试样应力松弛速率迅速降低的时期，各级应变水平下试样的应力松弛速率损失程度达 77%～98%，工程实践中应重视短时间内岩石应力松弛速率迅速降低的特征。

与初始 0h 相比，0.1h、0.2h、0.3h、0.4h 四个时刻峰后应变软化段 1.43%

应变水平试样的应力松弛速率损失程度最大，峰前弹性段、屈服段与峰后残余强度段试样的应力松弛速率损失程度相对较小。

　　定义当试样的应力松弛速率降低至初始应力松弛速率的 50%时，岩石由快速松弛阶段进入减速松弛阶段，则从表 8.2 可以看出，峰前、峰后各级应变水平下试样基本在 0.1h 由快速松弛阶段进入减速松弛阶段。峰后应变软化段 1.43%应变水平下试样最先由快速松弛阶段进入减速松弛阶段。

8.3.4　小结

　　综合以上分析可以看出，峰后应变软化段 1.43%应变水平试样的应力松弛量、应力松弛度以及松弛稳定时间，分别是 0.20%应变水平试样相应量的16.90 倍、4.53 倍和 12.43 倍。0h 与 0.1h 试样的应力松弛速率分别是 0.20%应变水平相应时刻应力松弛速率的 20.26 倍和 18.26 倍。虽然由于试验控制问题，峰后应变软化段未能进行 1.00%、1.20%应变水平试样的应力松弛试验，但从 1.43%、1.73%、1.93%三级应变水平下试样应力松弛量、应力松弛度、松弛稳定时间以及应力松弛速率的变化趋势，可以看出峰后应变软化段应力-应变曲线越陡的位置，即越靠近曲线峰值点处，在此应变水平下岩石的应力松弛量与应力松弛度越大、松弛稳定时间越长、应力松弛速率也越大。因此，峰前、峰后各阶段中，峰后应变软化段岩石应力松弛量大，应力损失程度高，松弛稳定时间长，松弛速率大。工程实践中，应尽可能避免使岩石处于峰后应变软化段，而尽量使岩石处于峰前弹性阶段，以使岩石的应力松弛量、应力松弛度、松弛稳定时间和应力松弛速率较小。同时，峰前屈服段总体上岩石的应力松弛量、应力松弛度、松弛稳定时间以及应力松弛速率也相对较大，而峰后残余强度段岩石的剩余应力低，应力损失程度大。工程实践中，也应避免使岩石处于峰前屈服段和峰后残余强度段。应根据不同阶段岩石的应力松弛特征，尽快采取相应的支护处理措施，以确保工程的长期安全与稳定。

8.4　岩石非线性应力松弛损伤模型

　　应力松弛过程中试样松弛模量随时间的变化曲线，如图 8.5 所示。为清晰起见，这里仅作出 4 种应变水平下试样的松弛模量曲线。

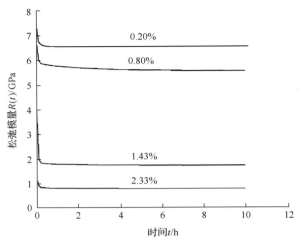

图 8.5　松弛模量-时间曲线

从图 8.5 中可以看出，试验中松弛模量随时间的延长而不断衰减降低，并逐渐达到恒定值。因此，有必要考虑岩石流变参数的损伤劣化效应。采用第 6 章介绍的 H-K 应力松弛损伤模型，描述两种围压下岩石的时效力学特性。

8.4.1　模型辨识

对图 8.4 中试验曲线采用 Levenberg-Marquardt (LM) 算法[7]辨识得出峰前、峰后不同应变水平试样的应力松弛损伤模型参数，如表 8.3 所示。

表 8.3　峰前、峰后不同应变水平下岩石 H-K 应力松弛损伤模型参数

应力-应变阶段		应变水平 ε/%	G_1/MPa	G_2/MPa	H_1/(MPa·h)	α	H-K 损伤模型拟合系数 R^2	H-K 模型拟合系数 R^2
峰前	弹性段	0.20	3.75×10^3	7.75×10^5	1.56×10^6	15.05847	0.99364	0.99143
		0.40	3.80×10^3	3.31×10^5	9.90×10^5	10.79271	0.97401	0.95549
		0.60	3.80×10^3	2.99×10^5	7.19×10^5	6.94068	0.98160	0.96738
	屈服段	0.80	3.53×10^3	7.72×10^4	5.59×10^5	21.29335	0.93984	0.81421
峰后	应变软化段	1.43	2.00×10^3	4.43×10^4	3.88×10^5	29.02407	0.99293	0.98921
		1.73	0.89×10^3	2.41×10^4	7.22×10^4	26.41679	0.98074	0.90868
		1.93	0.74×10^3	1.94×10^4	9.42×10^4	24.11593	0.97620	0.91571
	残余强度段	2.33	0.62×10^3	1.37×10^4	6.97×10^4	22.74708	0.97435	0.94615
		2.53	0.46×10^3	1.05×10^4	4.86×10^4	21.68895	0.95650	0.88914

对比表 8.3 中两种模型的拟合相关系数 R^2，表明改进后的应力松弛损伤模型精度更高。因此，峰前、峰后各级应变水平下粉砂质泥岩的应力松弛特性可以由 H-K 应力松弛损伤模型准确地描述。

8.4.2　峰前、峰后模型参数对比

第 2～9 级应变水平下 G_1、G_2、H_1 与第 1 级应变水平相应模型参数的比值如表 8.4 所示。

表 8.4　第 2～9 级应变水平下 G_1、G_2、H_1 与第 1 级应变水平下相应模型参数的比值

应力-应变阶段		应变水平/%	参数比值		
			G_1	G_2	H_1
峰前	弹性段	0.20	1.00	1.00	1.00
		0.40	1.01	0.43	0.63
		0.60	1.01	0.39	0.46
	屈服段	0.80	0.94	0.10	0.36
峰后	应变软化段	1.43	0.53	0.06	0.25
		1.73	0.24	0.03	0.05
		1.93	0.20	0.03	0.06
	残余强度段	2.33	0.17	0.02	0.04
		2.53	0.12	0.01	0.03

从表 8.4 中可以看出，峰后各级应变水平试样的 3 种模型参数值均小于峰前试样相应的模型参数值，为峰前 0.20%应变水平下模型参数初始值的 1%～53%，峰后岩石的应力松弛模型参数值急剧降低。峰后由于岩石发生宏观破裂，应力松弛过程中岩石的瞬时弹性、黏弹性以及黏性力学特性均发生显著改变。与 0.20%应变水平下模型参数初始值相比，峰后 3 种模型参数中，G_2 值降低幅度最大，H_1 值其次，G_1 值降低幅度最小。换言之，粉砂质泥岩应力松弛过程中，峰后形成的宏观破裂对试样的黏弹性力学特性影响最大，对黏性力学特性影响其次，而对试样的瞬时弹性力学特性影响最小。

从表 8.4 中还可以看出，3 种模型参数 G_1、G_2、H_1 总体随应变水平的增加而减小。峰前弹性段 0.20%、0.40%、0.60%三种应变水平下 G_1 值大小基本一致，随应变水平的增加，G_1 值略微增大，这是由于峰前弹性段岩石内部原有孔隙的压密以及孔洞的闭合，使岩石的瞬时弹性模量略微增加。峰前屈服段 G_1 值是 0.20%应变水平下 G_1 初始值的 94%，而峰后应变软化段 G_1 值降至

初始值的 20%，G_1 值降低幅度大。峰前弹性段 0.40%、0.60%应变水平下，G_2 值分别为 0.20%应变水平下 G_2 值的 43%，39%，而峰前屈服段 G_2 值仅为初始值的 10%，G_2 参数值降低幅度大。峰前屈服段 H_1 值为 0.20%应变水平下 H_1 值的 36%，而峰后应变软化段 H_1 值降至初始值的 6%，H_1 值降低幅度大。因此，峰后应变软化段试样的 G_1、H_1 参数值大幅降低，峰前屈服段试样的 G_2 参数值大幅降低。工程实践中，应重点关注峰后应变软化段以及峰前屈服段岩石应力松弛的瞬时弹性、黏弹性以及黏性力学参数骤然降低的特征。同时，虽然峰后残余强度段岩石的 G_1、G_2、H_1 参数值变化幅度较小，但 3 种模型参数值仅为 0.20%应变水平相应参数初始值的 1%～17%。因此，工程实践中也应注意峰后残余强度段岩石应力松弛模型参数值极低的特征。

8.5 峰前、峰后岩石应力松弛机制

由于岩石受力变形机制的复杂性，全面、系统地揭示峰前、峰后粉砂质泥岩的应力松弛机制是十分困难的，因此这里仅做粗浅的定性分析。

粉砂质泥岩作为漫长地质作用的产物，岩石内部含有大量的矿物解理、孔隙、微裂隙等缺陷。峰前弹性段，通过岩石内部原有孔隙、微裂隙等的压缩闭合，岩石中的应力得以松弛释放，岩石内部并没有新的微裂隙产生，峰前弹性段岩石的应力松弛量小，应力损失程度低，松弛稳定时间短，应力松弛速率低。峰前屈服段，岩石内部有大量的微裂隙不断产生、扩展、汇集贯通，逐步形成细观破裂面。越靠近峰值点，微裂隙的密度越大，扩展、贯通的速度越快，细观破裂面越趋于贯通形成宏观裂纹，通过微裂隙的产生、扩展、贯通释放的应力也越大。与弹性段相比，峰前屈服段岩石的应力松弛量、应力损失程度、松弛稳定时间以及应力松弛速率增大。峰后应变软化段，宏观裂纹经过不断扩展、搭接、贯通，逐渐形成集中的破裂面，岩石宏观结构的完整性遭到破坏。与峰前相比，通过数条裂纹的扩展和贯通，岩石内的应力在短时间内强烈降低。因此，峰后应变软化段岩石的应力松弛量大，应力损失程度高，松弛稳定时间长，应力松弛速率大。峰后残余强度段，由于岩石内部已形成贯通的破裂面，新的裂纹基本不再产生、扩展。岩石的应力松弛主要取决于破裂面的摩擦力，通过破裂面间的摩擦力而消耗应力，使应力松弛降低。当围压一定时，破裂面间的摩擦力基本恒定。因此，松弛稳定后岩石的剩余应力基本相同。与应变软化段相比，岩石的应力松弛量、应力损失程度、松弛稳定时间以及应力松弛速率减小。

从以上分析可以看出，峰前应力松弛过程中，岩石内部先存的矿物解理、孔隙、微裂隙等缺陷经过闭合后不断扩展，同时新的裂隙也不断产生、扩展，岩石内部的应力得以转移和释放，应力不断降低。因此，峰前岩石的应力松弛主要是由于岩石内部微裂隙的产生、扩展等原因引起的。经过微裂隙的不断扩展、贯通，峰后岩石内部会形成一条或几条贯穿性的宏观裂纹，岩石内部结构特征发生显著改变，微裂隙的密度、扩展速度等因素对岩石应力松弛的影响作用微小，峰后岩石的应力松弛主要是由于岩石中宏观裂纹的产生、扩展以及贯通等原因引起的。因此，峰前、峰后岩石的应力松弛机制不同。

8.6　本　章　小　结

采用分级加载方法，对粉砂质泥岩开展峰前、峰后三轴压缩应力松弛试验。依据试验结果，分析了峰前弹性段、屈服段，峰后应变软化段、残余强度段岩石应力松弛量、应力松弛度、松弛稳定时间以及应力松弛速率的变化规律，研究了峰前、峰后不同阶段岩石应力松弛特征的差异。引入损伤变量对三参量广义 Kelvin 模型加以改进，建立了岩石的非线性应力松弛损伤模型。应用 Levenberg-Marquardt 算法，辨识得出岩石的应力松弛损伤模型参数。基于辨识结果，分析了峰后破裂对岩石应力松弛模型参数的影响作用，研究了峰前、峰后不同阶段岩石应力松弛模型参数的变化规律。在试验研究成果的基础上，总结得出峰前、峰后岩石不同的应力松弛机制。

与峰前相似，峰后岩石也有明显的应力松弛现象。峰前、峰后各级应变水平试样的应力松弛曲线都可以划分为快速松弛和减速松弛两个阶段。与峰前相比，峰后岩石的快速松弛阶段更明显，但峰后岩石的减速松弛阶段特征相对不明显。峰前试样的应力松弛量、应力松弛度和松弛稳定时间随应变水平的增加而增大，峰后试样的应力松弛量、应力松弛度和松弛稳定时间总体上随应变水平的增加而减小。峰后各级应变水平下试样的应力松弛度均大于峰前试样的应力松弛度，峰后岩石的应力衰减损失程度较峰前大。粉砂质泥岩应力松弛过程中，0.2h 为试样应力松弛速率迅速降低的时期，各级应变水平下试样的应力松弛速率损失程度达 77%～98%。工程实践中，应重视短时间内岩石应力松弛速率迅速降低的特征。峰前、峰后各阶段中，峰后应变软化段岩石应力松弛量大，应力损失程度高，松弛稳定时间长，松弛速率快。

工程实践中，应尽可能避免使岩石处于峰后应变软化段，而尽量使岩石处于峰前弹性阶段。同时，也应避免使岩石处于峰前屈服段和峰后残余强度段。峰后各级应变水平试样的 G_1、G_2、H_1 模型参数值均小于峰前试样相应的模型参数值，为峰前 0.20% 应变水平模型参数值的 1%～53%，峰后岩石的应力松弛模型参数值急剧降低。峰后形成的宏观破裂对试样的黏弹性力学特性影响最大，对黏性力学特性影响其次，而对试样的瞬时弹性力学特性影响最小。峰后应变软化段试样的 G_1、H_1 模型参数值大幅降低，峰前屈服段试样的 G_2 模型参数值大幅降低。工程实践中，应重点关注峰后应变软化段以及峰前屈服段岩石应力松弛模型参数骤然降低的特征。峰前岩石的应力松弛主要是由于岩石内部微裂隙的产生、扩展等原因引起的，峰后岩石的应力松弛主要是由于岩石中宏观裂纹的产生、扩展以及贯通等原因引起的。峰前、峰后岩石的应力松弛机制不同。

参 考 文 献

[1] Sun J, Hu Y Y. Time-dependent effects on the tensile strength of saturated granite at the three gorges project in China. International Journal of Rock Mechanics and Mining Sciences, 1997, 34(2): 323-337.

[2] Yang S Q, Jiang Y Z. Triaxial mechanical creep behavior of sandstone. Mining Science and Technology, 2010, 20(3):339-349.

[3] Yang S Q, Cheng L. Non-stationary and nonlinear visco-elastic shear creep model for shale. International Journal of Rock Mechanics and Mining Sciences, 2011, 48(6):1011-1020.

[4] Zhang Z L, Xu W Y, Wang R B, et al. Triaxial creep tests of rock from the compressive zone of dam foundation in Xiangjiaba hydropower station. International Journal of Rock Mechanics and Mining Sciences, 2012, 50(1):133-139.

[5] Zhang Y, Xu W Y, Gu J J, et al. Triaxial creep tests of weak sandstone from fracture zone of high dam foundation. Journal of Central South University, 2013, 20(8): 2528-2536.

[6] Yang W D, Zhang Q Y, Li S C, et al. Time-dependent behavior of diabase and a nonlinear creep model. Rock Mechanics and Rock Engineering, 2014, 47(4):1211-1224.

[7] 范庆忠, 高延法. 分级加载条件下岩石流变特性的试验研究. 岩土工程学报, 2005, 27(11): 1273-1276.

[8] 徐卫亚, 杨圣奇, 杨松林, 等. 绿片岩三轴流变力学特性的研究(I): 试验结果. 岩土力学, 2005, 26(4): 531-537.

[9] 王志俭, 殷坤龙, 简文星, 等. 三峡库区万州红层砂岩流变特性试验研究. 岩石力学与工程学报, 2008, 27(4): 840-847.

[10] 朱珍德, 李志敬, 朱明礼, 等. 岩体结构面剪切流变试验及模型参数反演分析. 岩土力学, 2009, 30(1): 99-104.

[11] 韩庚友, 王思敬, 张晓平, 等. 分级加载下薄层状岩石蠕变特性研究. 岩石力学与工程学报, 2010, 29(11): 2239-2247.

[12] 闫子舰, 夏才初, 李宏哲, 等. 分级卸荷条件下锦屏大理岩流变规律研究. 岩石力学与工程学报, 2008, 27(10): 2153-2159.

[13] 朱杰兵, 汪斌, 邬爱清. 锦屏水电站绿砂岩三轴卸荷流变试验及非线性损伤蠕变本构模型研究. 岩石力学与工程学报, 2010, 29(3): 528-534.

[14] 朱杰兵, 汪斌, 邬爱清, 等. 锦屏水电站大理岩卸荷条件下的流变试验及本构模型研究. 固体力学学报, 2008, 29(S): 99-106.

[15] 王宇, 李建林, 邓华锋, 等. 软岩三轴卸荷流变力学特性及本构模型研究. 岩土力学, 2012, 33(11): 3338-3344.

[16] 王军保, 刘新荣, 郭建强, 等. 盐岩蠕变特性及其非线性本构模型. 煤炭学报, 2014, 39(3): 445-451.

[17] 张玉, 徐卫亚, 王伟, 等. 破碎带软岩流变力学试验与参数辨识研究. 岩石力学与工程学报, 2014, 33(S2): 3412-3420.

[18] 黄达, 杨超, 黄润秋, 等. 分级卸荷量对大理岩三轴卸荷蠕变特性影响规律试验研究. 岩石力学与工程学报, 2015, 34(S1): 2801-2807.

[19] 蒋昱州, 王瑞红, 朱杰兵, 等. 砂岩的蠕变与弹性后效特性试验研究. 岩石力学与工程学报, 2015, 34(10): 2010-2017.

[20] 王新刚, 胡斌, 唐辉明, 等. 渗透压-应力耦合作用下泥岩三轴流变实验及其流变本构. 地球科学, 2016, 41(5): 886-894.

[21] Peng S S. Time-dependent aspects of rock behavior as measured by a servocontrolled hydraulic testing machine. International Journal of Rock Mechanics Mining Sciences and Geomechanics Abstracts, 1973, 10(3): 235-246.

[22] ЯЛУШКО В Т, ВИНОГРАДОВ В В. Разрушение горных пород и прогнозирование проявлений горного давления. Москва: Недра, 1982: 58-67.

[23] Bieniawski Z T. Time-dependent behaviour of fractured rock. Rock Mechanics, 1970, 2(3): 123-137.

[24] 郭臣业, 鲜学福, 姜永东, 等. 破裂砂岩蠕变试验研究. 岩石力学与工程学报, 2010, 29(5): 990-995.

[25] 刘传孝, 黄东辰, 张秀丽, 等. 深井泥岩峰前/峰后单轴蠕变特征实验研究. 实验力学, 2011, 26(3): 267-273.

[26] 李永盛. 单轴压缩条件下四种岩石的蠕变和松弛试验研究. 岩石力学与工程学报, 1995, 14(1): 39-47.

[27] 杨春和, 殷建华, Daemen J J K. 盐岩应力松弛效应的研究. 岩石力学与工程学报, 1999, 18(3): 262-265.

[28] 李铀, 朱维申, 彭意, 等. 某地红砂岩多轴受力状态蠕变松弛特性试验研究. 岩土力学, 2006, 27(8): 1248-1252.

[29] 熊良宵, 杨林德, 张尧. 绿片岩多轴受压应力松弛试验研究. 岩土工程学报, 2010, 32(8): 1158-1165.

[30] 苏承东, 陈晓祥, 袁瑞甫. 单轴压缩分级松弛作用下煤样变形与强度特征分析. 岩石力学与工程学报, 2014, 33(6): 1135-1141.

[31] 曹平, 郑欣平, 李娜, 等. 深部斜长角闪岩流变试验及模型研究. 岩石力学与工程学报, 2012, 31(增1): 3015-3021.

[32] 田洪铭, 陈卫忠, 赵武胜, 等. 宜-巴高速公路泥质红砂岩三轴应力松弛特性研究. 岩土力学, 2013, 34(4): 981-986.

[33] 唐礼忠, 潘长良. 岩石在峰值荷载变形条件下的松弛试验研究. 岩土力学, 2003, 24(6): 940-942.

[34] 李晓, 王思敬, 李焯芬. 破裂岩石的时效特性及长期强度// 中国岩石力学与工程学会. 中国岩石力学与工程学会第 5 次学术大会论文集. 北京:科学出版社, 1998: 214-219.

[35] Hao S W, Zhang B J, Tian J F. Relaxation creep rupture of heterogeneous material under constant strain. Physical Review E., 2012, 85(1): 012501.

第9章　岩石非定常黏弹性应力松弛本构模型

根据应力松弛试验资料建立符合实际的流变本构模型并确定相应的模型参数，是岩石流变力学研究的重要内容之一。岩石流变过程中，其流变力学参数并非恒定不变，而是随时间推移不断发展变化的，室内试验已证实岩石的强度和弹性模量均是时间的函数，随时间的延长而不断降低[1]。目前，大部分流变本构模型并没有考虑模型参数的时间相关性，即采用定常模型来描述岩石的流变力学特性，这与工程实际情况是不相符的。因此，考虑模型参数的时间相关性，建立非定常流变本构模型，这对于更客观准确地反映岩石的流变力学特性是十分必要的。

目前，已有学者研究建立了一些岩石的非定常蠕变本构模型。Vyalov[2]提出 Bingham 模型中"黏壶"的黏滞系数并非常数，"黏壶"元件的黏滞系数是时间和应力水平的经验表达式。丁志坤和吕爱钟[3]、吕爱钟等[4]基于页岩单轴压缩蠕变数据，考虑 H-K 元件模型参数 E_K 为非定常参数，建立了一维情况下非定常黏弹性蠕变模型，通过理论计算结果与试验结果的对比，表明非定常黏弹性模型能更准确地反映岩石的蠕变特征。罗润林等[5]将 Burgers 模型中牛顿体的黏滞系数 η_M 看成与时间有关的非定常参数，建立了一种新的岩石非定常蠕变模型。秦玉春[6]分析了大理岩、板岩直接剪切蠕变试验数据，将Burgers 模型中的黏弹性模量看作是与时间有关的非定常函数，提出了非定常参数 G_K 的具体表达式，建立了非定常蠕变模型，结果表明非定常模型可以较大程度地提高拟合精度，减小拟合误差。朱明礼等[7]分析了锦屏二级水电站含硬性结构面大理岩的剪切蠕变试验结果，从 Maxwell 流变模型本构方程出发，引入与时间有关的非确定参数，建立了考虑参数时间相关性的非定常Maxwell 蠕变模型。非定常蠕变模型可以较好地描述大理岩硬性结构面的剪切蠕变特性。朱珍德等[8]对锦屏二级水电站隧洞软弱板岩进行了单轴压缩蠕变试验和剪切蠕变试验，引入流变参数是时间函数与强化函数，建立了岩石的非定常参数剪切蠕变模型和单轴压缩蠕变模型，并推广到三轴非线性流变模型，试验数据与建立的非定常蠕变模型计算值吻合较好。康永刚和张秀娥[9]用非定常黏壶替换 Burgers 模型中的定常黏壶，给出一种非定常 Burgers 模型，并推导出它的蠕变柔量，试验数据拟合表明该模型能较好地反映岩石的蠕变试验曲线。上述研究成果均是依据岩石蠕变试验数据而建立的非定常蠕变本构模型，而基于岩石的应力松弛试验成果，考虑模型参数的时间相关性，建立岩石的非定常应力松弛本构模型，目前还未见此方面的研究成果。由于应力松弛试验要求仪器具有长时间保持应变恒定的性能，试验技术难度大，目前国内外在这方面开展的研究工作还不多，发表的研究成果较少。而已有的岩石应力松弛模型，还主要是经验模型[10~16]和定常元件模型[17~21]两种类型，并没有考虑到模型参数的时间效应问题，因而不能准确地反映岩石的应力松弛特性。工程实践表明，应力松弛作为岩石的重要流变力学特性之一，与工程的长期稳定和安全密切相关[22]。因此，开展岩石非定常应力松弛本构模型方面的研究工作，对于丰富和完善岩石流变理论、合理评价工程的长期稳定和安全都具有十分重要的意义。

　　本章采用分级加载方法，对粉砂质泥岩进行三轴压缩应力松弛试验。基于试验结果，以 Hooke-Kelvin 模型为基础，考虑模型参数的时间效应，建立三维应力下岩石非定常黏弹性 Hooke-Kelvin 应力松弛模型。对比模型拟合结果与试验结果，非定常黏弹性 Hooke-Kelvin 应力松弛模型比定常模型能更准确地反映粉砂质泥岩的应力松弛特性。研究成果可为今后开展此方面的工作提供有益参考依据。

9.1　岩石应力松弛试验

　　试验采用饱水粉砂质泥岩试样。三轴压缩应力松弛试验中，试验围压设置为 5MPa，试验过程中保持围压恒定不变。试验采用分级加载方式。对试样共施加了 6 级轴向应变水平，分别为 0.20%、0.40%、0.60%、0.80%、1.00%、1.35%，其中 1.35% 为试样的轴向峰值应变，即此级应变水平下的试验为岩石在峰值荷载条件下的应力松弛[23]。粉砂质泥岩的分级加载应力松弛试验曲线如图 9.1 所示。

　　由于室内温度在 ±0.5℃ 范围内周期性波动变化，导致试样分级加载应力松弛试验曲线呈现周期性波动变化形态。依据温度的周期性变化情况，对图 9.1 中的试验曲线进行平滑处理，转化为 22℃ 恒定温度下的曲线。然后采用平移法将分级加载应力松弛试验曲线转化为不同应变水平下岩石的分别加载应力松弛曲线，如图 9.2 所示。

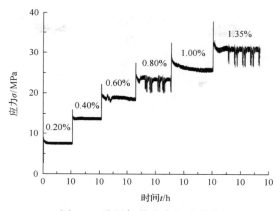

图 9.1　分级加载应力松弛曲线

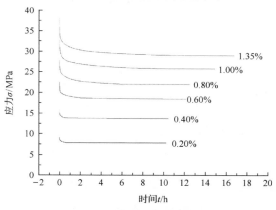

图 9.2　分别加载应力松弛曲线

9.2　岩石非定常黏弹性应力松弛本构模型

9.2.1　定常 H-K 应力松弛模型及参数辨识

从试验结果可以看出，施加各级应变水平后，岩石瞬间产生应力降低，表明元件模型中应包含弹簧元件；随时间的延长，岩石的松弛速率逐渐减慢，最终趋于恒定值，表明元件模型中应包含黏壶元件，即粉砂质泥岩的应力松弛具有明显的黏弹性特征。Hooke-Kelvin 模型是一种常用的黏弹性流变模型[24]。因此，首先采用不考虑参数时间效应的定常 H-K 模型来描述粉砂质泥岩的应力松弛特性，并确定模型参数。

一维应力状态下，H-K 流变模型的本构关系为

$$\sigma + \frac{\eta_1}{E_1 + E_2}\dot{\sigma} = \frac{E_1 E_2}{E_1 + E_2}\varepsilon + \frac{E_1 \eta_1}{E_1 + E_2}\dot{\varepsilon} \tag{9.1}$$

式中，E_1、E_2、η_1 为模型参数。

三维应力状态下，由式(9.1)可以得到 H-K 流变模型的本构关系为

$$S_{ij} + \frac{H_1}{G_1 + G_2}\dot{S}_{ij} = \frac{2G_1 G_2}{G_1 + G_2}e_{ij} + \frac{2G_1 H_1}{G_1 + G_2}\dot{e}_{ij} \tag{9.2}$$

$$\sigma_m = 3K\varepsilon_m \tag{9.3}$$

式中，S_{ij} 为应力 σ_{ij} 的偏应力，$S_{ij}=\sigma_{ij}-\sigma_m\delta_{ij}$；$\sigma_m$ 为平均正应力；δ_{ij} 为 Kronecker delta 符号；e_{ij} 为应变 ε_{ij} 的偏应变，$e_{ij}=\varepsilon_{ij}-\varepsilon_m\delta_{ij}$；$\varepsilon_m$ 为平均正应变；K 为体积模量；G_1、G_2、H_1 为模型参数。

在 $t=0$ 时刻施加恒定应变 e^0 并保持不变，对式(9.2)进行求解，可以得到 H-K 应力松弛模型方程为

$$S_{ij}(t) = 2e_{ij}^0\left[\left(G_1 - \frac{G_1 G_2}{G_1 + G_2}\right)\exp\left(-\frac{(G_1 + G_2)}{H_1}t\right) + \frac{G_1 G_2}{G_1 + G_2}\right] \tag{9.4}$$

采用 Levenberg-Marquardt(LM)算法[25]，对图 9.3 中的试验曲线进行非线性拟合，辨识得出定常 H-K 应力松弛模型参数如表 9.1 所示。

表 9.1　不同应变水平下定常 H-K 应力松弛模型参数

应变水平/%	G_1/MPa	G_2/MPa	H_1/(MPa·h)	f	R^2
0.20	2084.3649	11556.3559	3677.7299	6.56×10^{-3}	0.94688
0.40	1948.2163	14713.4135	1432.5039	2.31×10^{-2}	0.91041
0.60	1932.0103	10336.3608	1488.0876	1.13×10^{-1}	0.88160
0.80	1946.1123	8794.4867	6289.0040	2.14×10^{-1}	0.92031
1.00	1973.8301	7912.6913	3536.8708	3.37×10^{-1}	0.92059
1.35	1901.0107	6818.2267	4641.4662	6.96×10^{-1}	0.87500

从表 9.1 中数据的最小二乘误差 f 和拟合相关系数 R^2 可以看出，定常 H-K 应力松弛模型计算得出的理论值与试验值相差较大，不考虑参数的时间相关性将引起较大的误差。因此，有必要对定常 H-K 模型加以改进，建立岩石的非定常应力松弛本构模型。

9.2.2　非定常黏弹性 H-K 应力松弛模型及参数辨识

定常 H-K 应力松弛模型参数中，G_1 为瞬时弹性模量，表示岩石的瞬时弹

性力学特征；G_2 为黏弹性模量，表示岩石的弹性力学特性随时间的变化特征；H_1 为黏滞系数，表示岩石的黏性力学特性随时间的变化特征。因此，依据模型参数的物理意义，在非定常模型中，考虑参数 G_2、H_1 的时间相关性，而不考虑参数 G_1 的时间相关性，即式(9.4)可以进一步表示为

$$S_{ij}(t) = 2e_{ij}^0 \left[\left(G_1 - \frac{G_1 G_2(t)}{G_1 + G_2(t)} \right) \exp \left(-\frac{G_1 + G_2(t)}{H_1(t)} t \right) + \frac{G_1 G_2(t)}{G_1 + G_2(t)} \right] \quad (9.5)$$

非定常 H-K 模型如图 9.3 所示。

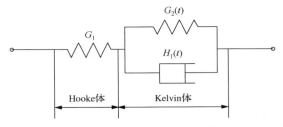

图 9.3　非定常 Hooke-Kelvin 模型

下面以 0.60%、1.00%应变水平为例，分析模型参数 G_2、H_1 随时间的变化关系。依据试验数据，得出黏弹性模量 G_2 随时间的变化关系(图 9.4)。

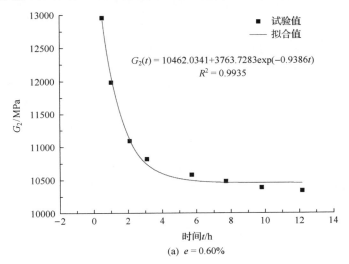

$G_2(t) = 10462.0341 + 3763.7283\exp(-0.9386t)$
$R^2 = 0.9935$

(a) $e = 0.60\%$

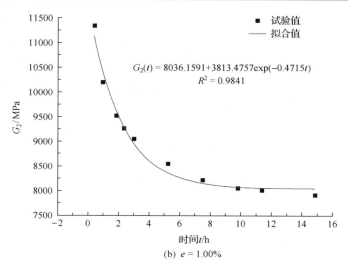

图 9.4　黏弹性模量 G_2 随时间的变化关系

黏滞系数 H_1 随时间的变化关系如图 9.5 所示。

从以上分析可以看出，各级应变水平下 $G_2(t)$、$H_1(t)$ 随时间变化的一般关系可以表示为：

$$G_2(t) = P_1 + G_2 \exp\left(-p_2\left(\frac{t}{t_0}\right)\right) \tag{9.6}$$

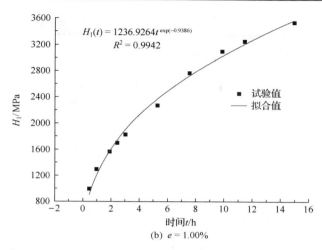

图 9.5　黏滞系数 H_1 随时间的变化关系

$$H_1(t) = H_1\left(\frac{t}{t_0}\right)\exp(-p_3) \tag{9.7}$$

式中：t_0 为参考时间，取值为 1，单位与 t 的单位相同；P_1、P_2、P_3 为常数。

由式 (9.5)、式 (9.6)、式 (9.7) 可以得出非定常黏弹性 H-K 应力松弛模型的表达式为：

$$S_{ij}(t) = 2e_{ij}^0\left[\left(G_1 - \frac{G_1(P_1 + G_2\exp(-p_2(\frac{t}{t_0})))}{G_1 + P_1 + G_2\exp(-p_2(\frac{t}{t_0}))}\right)\right.$$

$$\left.\exp\left(-\frac{\left(G_1 + P_1 + G_2\exp(-p_2(\frac{t}{t_0}))\right)}{H_1}(\frac{t}{t_0})^{1-\exp(-p_3)}\right) + \frac{G_1(P_1 + G_2\exp(-p_2(\frac{t}{t_0})))}{G_1 + P_1 + G_2\exp(-p_2(\frac{t}{t_0}))}\right] \tag{9.8}$$

采用 LM 算法，对图 9.2 中的试验曲线进行非线性拟合，辨识得出非定常 H-K 应力松弛模型参数（如表 9.2 所示）。

表 9.2　不同应变水平下非定常 H-K 应力松弛模型参数

应变水平/%	G_1/MPa	G_2/MPa	H_1/(MPa·h)	P_1	P_2	P_3	f	R^2
0.20	2203.5348	8027.8324	2544.0657	10584.3880	1.5568	252.7862	9.60×10^{-4}	0.99699
0.40	2173.3169	7433.0051	1824.4286	10227.9950	1.1451	181.6481	1.98×10^{-3}	0.99709
0.60	2100.9095	6556.4378	1480.3053	8644.8898	1.3429	90.5536	3.28×10^{-3}	0.99896
0.80	2034.0742	6445.2964	1630.2118	6677.4652	0.8716	59.2110	4.57×10^{-3}	0.99856
1.00	2012.6534	5164.3569	1029.8622	6485.1909	0.5419	44.8749	8.90×10^{-3}	0.99527
1.35	1940.3765	3172.0138	1245.1749	4369.4101	0.3847	37.9406	5.39×10^{-2}	0.99256

9.2.3　定常与非定常应力松弛模型对比

Burgers 模型也是常用的流变模型之一[13]，由 Maxwell 体和 Kelvin 体串联而成，如图 9.6 所示。为更清晰地对比定常和非定常模型的拟合值与试验数据之间的差异，也采用定常 Burgers 应力松弛模型对图 9.2 中的试验曲线进行拟合，辨识得出定常 Burgers 应力松弛模型参数（表 9.3）。

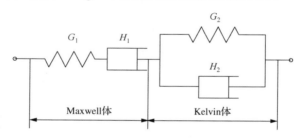

图 9.6　定常 Burgers 模型

表 9.3　不同应变水平下定常 Burgers 应力松弛模型参数

应变水平/%	G_1/MPa	G_2/MPa	H_1/(MPa·h)	H_2/(MPa·h)	f	R^2
0.20	2167.3271	15250.1805	1097794.4490	3377.6329	6.90×10^{-3}	0.95200
0.40	2052.2804	12490.8727	1002303.1345	1262.8735	2.12×10^{-2}	0.94397
0.60	1953.3856	10952.9033	541959.7426	1018.0067	5.90×10^{-2}	0.94006
0.80	2092.5650	9949.5117	242810.6210	1860.3870	1.69×10^{-1}	0.93836
1.00	1995.7175	9074.6384	295388.3610	1925.3515	1.46×10^{-1}	0.93224
1.35	2090.1455	6576.5463	197105.4202	531.0974	3.16×10^{-1}	0.93548

对比表 9.1 至表 9.3 可以看出，三种模型 G_1 参数值大小基本一致，变化

较小。G_1 在三种模型中均为瞬时弹性模量，是表示岩石瞬时弹性力学特性的参数，排除数据拟合误差等方面的影响，不同应变水平下同一种岩石的 G_1 参数值应是恒定不变的，而上述三种模型的 G_1 参数值大小基本一致，这也从一方面说明了辨识得出的三种模型参数的正确性。

　　从表 9.1 至表 9.3 中可以看出，采用非定常 H-K 模型拟合的最小二乘误差比定常 H-K 模型、定常 Burgers 模型均小 1～2 个数量级，同时模型拟合相关系数也大幅提高，各级应变水平下非定常 H-K 模型的拟合相关系数均达到 0.99 以上。图 9.7 所示为 0.60%、1.00% 应变水平下三种模型拟合曲线与

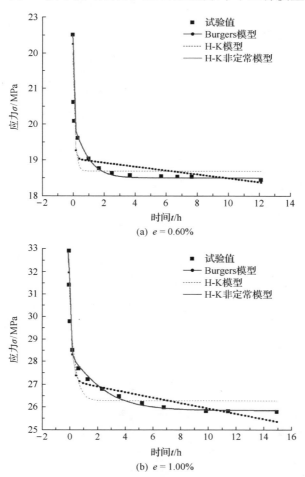

(a) $e = 0.60\%$

(b) $e = 1.00\%$

图 9.7　不同应力松弛模型拟合值与试验值对比

试验数据的对比。从图中可以直观地看出非定常 H-K 模型的拟合曲线与试验数据几乎完全吻合，而定常 H-K 模型、定常 Burgers 模型拟合曲线均与试验数据有明显的偏离。因此，非定常黏弹性 H-K 应力松弛模型可以准确地描述粉砂质泥岩的应力松弛特性，模型简便易行，物理意义明确，具有较大的实用价值。

9.3　本章小结

采用 RLJW-2000 岩石三轴流变伺服仪，对粉砂质泥岩进行三轴压缩应力松弛试验。基于试验结果，首先采用定常 Hooke-Kelvin 模型描述岩石的应力松弛特性，分析了参数定常情况下模型拟合值与试验值之间的差别，表明不考虑参数的时间相关性将引起较大的误差，有必要建立岩石的非定常应力松弛模型。以 Hooke-Kelvin 模型为基础，将黏弹性模量 G_2、黏滞系数 H_1 看作是与时间有关的非定常参数，得出了两种模型参数随时间的变化关系，建立了三维应力下岩石的非定常黏弹性 Hooke-Kelvin 应力松弛模型。对比模型拟合结果与试验结果，非定常黏弹性 Hooke-Kelvin 应力松弛模型比定常模型能更准确地反映粉砂质泥岩的应力松弛特性。研究成果可为今后开展此方面的工作提供有益参考依据。

参 考 文 献

[1]　许宏发. 软岩强度和弹模的时间效应研究. 岩石力学与工程学报, 1997, 16(3):246-251.

[2]　Vyalov S S. Rheological fundamentals of soil mechanics. New York: Elsevier, 1986: 389-390.

[3]　丁志坤, 吕爱钟. 岩石黏弹性非定常蠕变方程的参数辨识. 岩土力学, 2004, 25(S1):37-40.

[4]　吕爱钟, 丁志坤, 焦春茂, 等. 岩石非定常蠕变模型辨识. 岩石力学与工程学报, 2008, 27(1):16-21.

[5]　罗润林, 阮怀宁, 孙运强, 等. 一种非定常参数的岩石蠕变本构模型. 桂林工学院学报, 2007, 27(2): 200-203.

[6]　秦玉春. 长大深埋隧洞围岩非定常剪切蠕变模型初探(硕士学位论文). 南京:河海大学, 2007.

[7]　朱明礼, 朱珍德, 李志敬, 等. 深埋长大隧洞围岩非定常剪切流变模型初探. 岩石力学与工程学报, 2008, 27(7):1436-1441.

[8]　朱珍德, 朱明礼, 阮怀宁, 等. 深埋长大隧洞围岩非线性蠕变模型研究. 岩土力学, 2011, 32(S2):27-35.

[9]　康永刚, 张秀娥. 基于 Burgers 模型的岩石非定常蠕变模型. 岩土力学, 2011, 32(S1):424-427.

[10]　周德培. 岩石流变性态研究(博士学位论文). 成都:西南交通大学, 1986.

[11]　周德培. 流变力学原理及其在岩土工程中的应用. 成都:西南交通大学出版社, 1995: 142-143.

[12]　邱贤德, 庄乾城. 岩盐流变特性的研究. 重庆大学学报(自然科学版), 1995, 18(4): 96-103.

[13]　熊良宵, 杨林德, 张尧. 绿片岩多轴受压应力松弛试验研究. 岩土工程学报, 2010, 32(8): 1158-1165.

[14] 王琛, 詹传妮. 堆石料的三轴松弛试验. 四川大学学报(工程科学版), 2011, 43(1):27-30.

[15] 于怀昌. 三峡地区巴东组粉砂质泥岩流变力学特性的研究及其工程应用(博士学位论文). 武汉: 中国地质大学, 2010.

[16] 刘志勇, 肖明砾, 谢红强, 等. 基于损伤演化的片岩应力松弛特性. 岩土力学, 2016, 37(S1): 101-107.

[17] 李铀, 朱维申, 彭意, 等. 某地红砂岩多轴受力状态蠕变松弛特性试验研究, 岩土力学, 2006, 27(8): 1248-1252.

[18] 刘小伟. 引洮工程红层软岩隧洞工程地质研究. 兰州: 兰州大学, 2008.

[19] 于怀昌, 周敏, 刘汉东, 等. 粉砂质泥岩三轴压缩应力松弛特性试验研究. 岩石力学与工程学报, 2011, 30(4): 803-811.

[20] 曹平, 郑欣平, 李娜, 等. 深部斜长角闪岩流变试验及模型研究. 岩石力学与工程学报, 2012, 31(增1): 3015-3021.

[21] 田洪铭, 陈卫忠, 赵武胜, 等. 宜-巴高速公路泥质红砂岩三轴应力松弛特性研究. 岩土力学, 2013, 34(4):981-986.

[22] 杨文东, 张强勇, 陈芳, 等. 大岗山水电站坝区辉绿岩流变特性的三轴试验研究. 四川大学学报(工程科学版), 2011, 43(5):64-70.

[23] 唐礼忠, 潘长良. 岩石在峰值荷载变形条件下的松弛试验研究. 岩土力学, 2003, 24(6): 940-942.

[24] 张明, 毕忠伟, 杨强, 等. 锦屏一级水电站大理岩蠕变试验与流变模型选择. 岩石力学与工程学报, 2010, 29(8): 1530-1537.

[25] 朱杰兵, 汪斌, 邬爱清. 锦屏水电站绿砂岩三轴卸荷流变试验及非线性损伤蠕变本构模型研究. 岩石力学与工程学报, 2010, 29(3): 528-534.